Die Grenzlehre

Carl Mahr
Spezialfabrik für Präzisions=Meß= und Lehr=Werkzeuge
Esslingen a. N.

Gegründet 1861

Fünfte Auflage

1928

28 Gr.

ISBN-13: 978-3-642-98417-4   e-ISBN-13: 978-3-642-99230-8
DOI: 10.1007/ 978-3-642-99230-8

Inhaltsangabe

1. Die Grundlagen neuzeitlicher Fertigung.

Grundsatz jeder wirtschaftlichen Fertigung muß es sein, die Gestaltung der Erzeugnisse so vorzunehmen, daß alle Einzelteile unter Wahrung der Qualität rationell hergestellt werden können. Eine fertige Werkstattzeichnung soll nicht nur zur Herstellung eines oder nur weniger Erzeugnisse dienen, sondern die Unterlage für die Einrichtung der Reihen= oder Massenanfertigung bilden. Damit sinkt die Bedeutung der einmaligen Konstruktionskosten, und das Mehrgewicht wird auf die Fertigung gelegt.

Verringert ein Unternehmen innerhalb seiner einzelnen Erzeugnisgattungen die Zahl der verschiedenen Größen und beschränkt es sich auf nur wenige be= währte und wohl durchgebildete Typen, so werden Konstruktionsbüro und Werkstatt von teuren Sonderausführungen entlastet und große Ausgaben ge= spart. Ein bekanntes Beispiel hierfür bietet der Elektromotorenbau der maß= gebenden Werke, die durch Ausgestaltung lagermäßiger Typen rasch und billig liefern können. Diese Vorteile gehen dabei so weit, daß normale Mo= toren eines stärkeren Typs billiger geliefert werden können als schwächere kleinere Typen, die nicht lagermäßig sind. Gesellt sich zu dieser **„Typisierung"** noch eine bewußte Beschränkung in der Zahl der Erzeugnisgattungen selbst, die **„Spezialisierung"**, so wird durch die Erhöhung der Fertigzahl jedes Er= zeugnisses die Wirtschaftlichkeit der Fertigung weiter gesteigert. Auf diese Weise werden alle Vorteile der Reihen= bzw. Massenfertigung ausgenutzt, so daß alle Teile mittels Sondereinrichtungen und Lehren unter den günstigsten Bedingungen und in höchster Vollkommenheit hergestellt werden können.

Diese mehr organisatorischen und kaufmännischen Maßnahmen werden wesentlich unterstützt durch die Vereinheitlichung oder **„Normung"** häufig vorkommender Einzelteile. Geht die Spezialisierung so weit, daß ein Werk nur noch ein Erzeugnis macht, so ist eine Normung innerhalb des Werkes nur noch in bezug auf einheitliche Maße, möglichst wenig verschiedene Teile, Ma= terialsorten und =abmessungen an der Maschine oder dem Apparat selbst nötig. Sobald aber verschiedene Typen einer Gattung oder sogar mehrere Gat= tungen, wie sie die meisten Werke aus Gründen der wechselnden Marktlage nebeneinander führen, gleichzeitig gefertigt werden, kann durch sinngemäße Normung erreicht werden, daß gewisse Teile bei verschiedenen Erzeugnissen verwendbar sind. Die Fertigungszahl solcher Teile wird also weiter gesteigert, so daß man immer mehr in das Gebiet der Massenfertigung hineinkommt. Man erzielt hierbei doppelte Ersparnisse, da man mit denselben Vorrichtungen einerseits eine größere Zahl von Teilen anfertigen kann, so daß der Kostenanteil des einzelnen Werkstückes an der Vorrichtung sinkt, und andererseits statt der Mehrzahl von Vorrichtungen nur noch eine einzige braucht. Genau dasselbe gilt für Lehren und Sonderwerkzeuge. Deshalb sollte man überall den größten Wert auf gut durchgearbeitete „Werknormen" legen. Trägt also schon jede Werknorm zu einer Verbilligung bei, so ist dies in noch höherem Maße der Fall, wenn alle Werke, welche bestimmte Erzeugnisse herstellen, zusammen= gehen und gemeinsame Normen – „Fachnormen" – aufstellen, so daß jene in dem Betrieb hergestellt werden können, der am besten darauf einge= richtet ist. Das Höchstmaß in dieser Richtung wird erreicht, wenn es gelingt, gewisse Teile für die gesamte Industrie zu vereinheitlichen, so daß sich mit deren Herstellung Sonderwerke befassen können.

Um dieses Ziel zu erreichen, wurde im Jahre 1917 der „Deutsche Normen= ausschuß" ins Leben gerufen, dessen Arbeitsgebiet die Aufstellung allgemein gültiger Normen für die ganze deutsche Industrie bildet. Diese Deutschen Industrie=Normen, oder kurz **„DIN"**, bilden eine wertvolle Errungenschaft; ihre wirtschaftliche Bedeutung liegt in der Entlastung der Lager der einzelnen Werke, die nun von Spezialfabriken mit kürzester Lieferzeit Normteile beziehen können, welche jene infolge der großen Mengen wesentlich billiger und voll= kommener herstellen können, als es einem Einzelbetrieb möglich ist. Vergleicht man eine solche Fertigung mit dem vorher herrschenden Vielerlei, so zeigt sich eine bedeutende Verringerung der Modelle, Vorrichtungen, Werkzeuge und Lehren. Ja, es können bisherige Einrichtungen völlig durch Sondermaschinen ersetzt werden, die unter Umständen selbsttätig arbeiten. Weiterhin wird da= durch eine Normung der Ausgangswerkstoffe ermöglicht, so daß auch diese rascher und billiger bezogen werden können.

2. Austauschbarkeit und Grenzlehre.

Ein Normteil ist nur brauchbar, wenn er wirklich „austauschbar" ist. Wenn also z. B. ein normaler „Kolbenbolzen" bezogen wird, so muß er so genau ge= arbeitet sein, daß sein Durchmesser um wenig mehr als ein Hundertstel Milli= meter kleiner ist als die unabhängig davon hergestellte Pleuelstangenbohrung, in der er beweglich sein soll. Die „Passung", in diesem Fall der Enge Laufsitz, muß in jedem Fall gewahrt werden. In anderen Fällen müssen Bohrung und Welle fest ineinander sitzen oder sich ohne Spiel gegenseitig verschieben lassen. Da aber, wie später näher ausgeführt wird, bisher über die genauen Maße

4

solcher Bohrungen und Wellen kein Einverständnis bestand, war es nicht mög=
lich, ein Werkstück in einem Werk so herzustellen, daß es mit einem in einem
andern Werk gefertigten Gegenstück die richtige Passung ergab. Bei diesem
Zustande konnte es demnach auch keine allgemein brauchbaren Normteile
geben.

Der Normenausschuß mußte es sich daher von vornherein zur Aufgabe
machen, Normen für Passungen aufzustellen, die weiter unten näher be=
schrieben werden. Die Bedeutung der Vereinheitlichung auf diesem Gebiet
geht jedoch noch weiter, denn sie bietet nicht weniger als die Möglichkeit,
die gesamte deutsche Industrie zu einer einzigen großen Werkstätte zu machen,
die ohne weiteres Teile von einem Betrieb nach einem anderen hinübernehmen
kann. Es wird also nicht nur die allgemeine Verwendbarkeit von Normteilen,
sondern auch die Vergebung jeder Art von Maschinenteilen nach fremden
Werkstätten ermöglicht, ohne daß man zu befürchten braucht, daß sie bei
dem Zusammenbau nicht passen. Von besonderer Bedeutung ist dies für
Konzerne, die mehrere Fabriken umfassen; ihnen geben genormte Passungen
die Möglichkeit, die Fertigung gewisser Arten von Teilen in besonderen zen=
tralen Werkstätten zusammenzufassen. In diesem Zusammenhang sei hier auf
DIN 3 (Seite 56) hingewiesen; sie stellt eine Auswahl von Durchmessern dar, *Normal=*
mit denen man im allgemeinen auskommen kann und auf die sich der Konstruk= *durchmesser.*
teur beschränken soll. Womöglich soll aber im einzelnen Werk eine noch
weitergehende Einschränkung vorgenommen werden. Dieses Vorgehen bringt
der Werkstatt den großen Vorteil, daß nur noch für diese Durchmesser
Lehren, Aufspanndorne, Reibahlen, Bohrmesser usw. zu halten sind.

Die Austauschbarkeit kommt aber keineswegs nur für die Verwendung
von Teilen in Betracht, die in andern Werkstätten gefertigt werden, sie **bildet
auch innerhalb des Einzelbetriebs ganz allgemein die Grundlage jeder
neuzeitlichen Fertigung.** Im Gange der Arbeit muß jeder Teil in genau
gleich bearbeiteten Abmessungen dem nächsten Arbeitsgang zugeführt
werden, da sonst der Gebrauch von Vorrichtungen seinen Zweck verfehlen
würde. Von dem Maße des einen Arbeitsganges geht man bei dem nächst=
folgenden aus, und von der Genauigkeit des ersten Maßes und seiner Ein=
haltung hängt die Güte des fertigen Stückes ab. Das gilt besonders bei der
Fließarbeit, wo die Austauschbarkeit eine vollkommene sein muß, da alle *Fließarbeit.*
Teile, die nicht passen — sei es in der Maschinenreihe, sei es beim Zusammen=
bau —, Störungen ergeben; nur durch eine sorgfältig arbeitende, planmäßig
eingefügte Kontrolle wird ein reibungsloser Fertigungsgang gewährleistet.

Früher paßte man die Wellen in die Bohrungen mehr oder weniger stramm ein, je nachdem es sich um einen Festsitz oder Laufsitz handelte, oder aber man fertigte Bohrungen und Wellen je nach einer Normallehre an, d. h. man paßte in die Bohrungen einen „Normallehrdorn" ein und drehte oder schliff die Wellen so lange, bis sich der „Normallehrring" darüberführen ließ. So wurden die Wellen stets um einige Hundertstel Millimeter kleiner als das Normalmaß; ebenso wurden die Bohrungen größer, wobei das Wieviel in beiden Fällen von dem betreffenden Arbeiter abhängig war, d. h. davon, wie leicht der Lehrring über die Wellen ging oder der Lehrdorn sich in die Bohrungen einführen ließ. Nun sollen die Teile aber häufig nicht leicht, sondern stramm ineinandergehen, unter Umständen soll sogar die Anwendung einer Presse nötig sein. Das ist mit Normallehren nicht zu erreichen; es ist mit ihrer Hilfe allein unmöglich, ein Stück ohne das andere so herzustellen, daß der gewünschte Sitz erreicht wird. Völlig ausgeschlossen war es, mit Normallehren passende Ersatzteile nachzuliefern. Es ist deshalb gänzlich verfehlt, Normallehren zur unmittelbaren Messung der Werkstücke zu benützen.

Neue Wege wies die Festlegung von **Grenzmaßen**. Man schrieb nämlich für eine Bohrung vor, daß sie zwischen zwei nahe zusammenliegenden Maßen, z. B. 40,025 und 40,00 mm, und daß eine darin laufende Welle zwischen 39,975 und 39,95 mm liegen soll. Jede so bemessene Welle ergibt in die Bohrung eingebaut stets einen Laufsitz. Soll ein Bolzen in jener Bohrung fest sitzen, so ist er zwischen den Grenzmaßen 40,035 und 40,018 mm auszuführen. **Volle Austauschbarkeit wird also erst durch die Festlegung von Grenzmaßen möglich.**

3. Ausbildung der Grenzlehren.

Bei der Bohrung ist eine so genaue Messung nicht anders möglich, als durch Benutzung von zwei Lehrdornen, deren einer das kleinste Maß, im vorliegenden Fall also 40,00 mm hat und sich zwanglos einführen lassen muß, während der andere mit 40,025 mm sich nicht einführen lassen, sondern höchstens anfassen darf. (Bild 1 und 2.) Die in die Zeichnungen eingetragenen Grenzmaße geben also die Maße der Grenzlehren an, nicht die der Werkstücke, denn deren äußerste Maße weichen von denen der Lehren naturgemäß um gewisse, wenn auch sehr kleine Beträge ab. Bei Durchmessern über 100 mm würden Lehrdorne schwer und unhandlich werden, so daß man bei ihrem Gebrauch nicht mehr das notwendige feine Meßgefühl hätte. Für größere Durchmesser verwendet man daher flache Lochlehren, von denen je ein Paar die beiden Grenzmaße enthält;

sie sind auf Seite 75 abgebildet. Bei Durchmessern über 260 mm verwendet man für eine Bohrung zwei Kugelendmaße mit den beiden Grenzmaßen (siehe

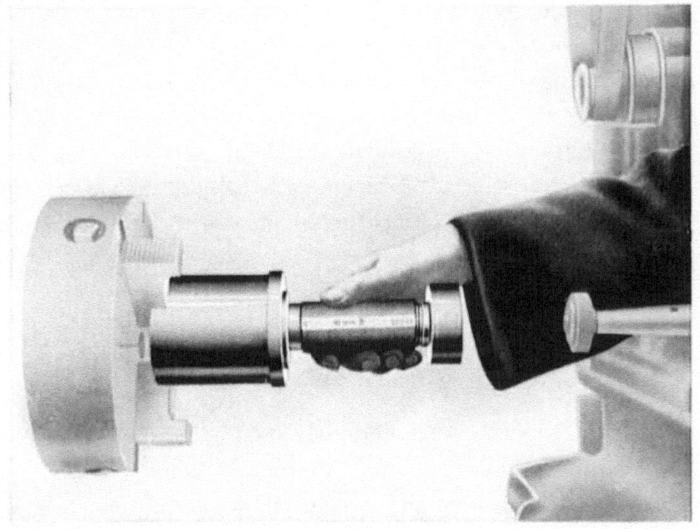

Bild 1.
Die Gutseite des Lehrdornes muß sich zwanglos einführen lassen.

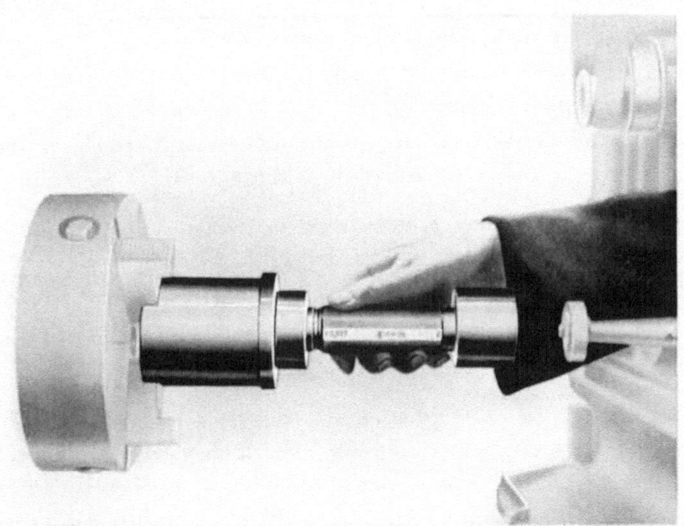

Bild 2.
Die Ausschußseite des Lehrdornes darf sich nicht einführen lassen, sondern höchstens anfassen.

Grenz=Kugel=endmaße.

Seite 76). Flache Lochlehren sowie die beiden letztgenannten Lehrenarten haben vor den Lehrdornen den Vorzug, daß sie die Feststellung von Unrundheiten in der Bohrung viel leichter gestatten als jene. Allerdings

Verein=barungen zur Vermeidung des Berührungs=fehlers.

können Bohrungen, die an der unteren zulässigen Grenze liegen und mit Flachlehren, Endmaßen oder Innenschraublehren gemessen werden, etwas enger werden, als man sie durch Messung mit Lehrdornen erhalten würde. Denn in eine Bohrung, in die sich eine Flachlehre noch eben einführen läßt, geht ein Lehrdorn desselben Durchmessers nicht mehr hinein. Um hieraus entstehende Unterschiede zu vermeiden, ist man im Normenausschuß über-eingekommen,

von 1—100 mm Grenzlehrdorne,

über 100—260 „ flache Grenzlochlehren,

„ 260—500 „ Grenz=Kugelendmaße

zu verwenden.

Bei der Welle ist es zwar möglich, die Maße mittels einer Schraublehre festzustellen, da aber bekanntlich die Messungen je nach dem Gefühl des Messenden um 0,005 bis 0,01 mm schwanken, ist ein einwandfreies Arbeiten

Grenz=rachenlehren.

auch hier nur möglich, wenn man feste Lehren benützt. Da die meisten Wellen zwischen den Körnerspitzen bearbeitet werden, benützt man hierfür keine Lehr-ringe, sondern Rachenlehren. Diese stellen zudem ein viel empfindlicheres Meßwerkzeug dar als die massigen Ringe. Hierbei muß der größere Rachen, bei der oben angeführten Welle 39,975, sich leicht über die Welle führen lassen (Bild 3). Der kleinere Rachen, im obigen Falle 39,95, darf sich nicht über die Welle führen lassen, sondern höchstens anschnäbeln (Bild 4).

Wichtig ist, sich darüber klar zu werden, wie das Maß einer Rachenlehre zustande kommt. Hiefür wurde im Ausschuß für Meßwesen folgendes festgelegt:

„Das Maß der Rachenlehre ist definiert durch das Maß der Meßscheibe, über die sie (in leicht eingefettetem Zustand) durch ihr Eigengewicht (mindestens 100 g) eben hinübergleitet."

Der Einfachheit halber werden, für Durchmesser bis 100 mm, die beiden Lehrdorne für eine bestimmte Bohrung, ebenso die beiden Rachenlehren für eine bestimmte Welle in einem Stück vereinigt. Eine Lehre enthält dann

Grenz=lehren.

beide Grenzmaße und wird so zur „Grenzlehre". Daher spricht man von Grenzlehrdornen (Bild 1 und 2) und Grenzrachenlehren (Bild 3 und 4) und behält diese Bezeichnung auch bei, wenn die zwei Meßseiten in Einzellehren - „Satz zu zwei Stück" - aufgelöst sind. (Siehe S. 75 und 78.)

8

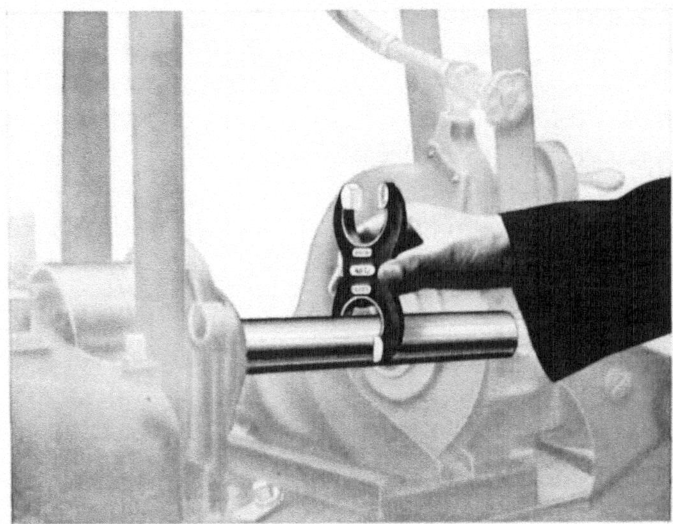

Bild 3.

Die Gutseite soll infolge des Eigengewichtes der Rachenlehre über die Welle gehen.

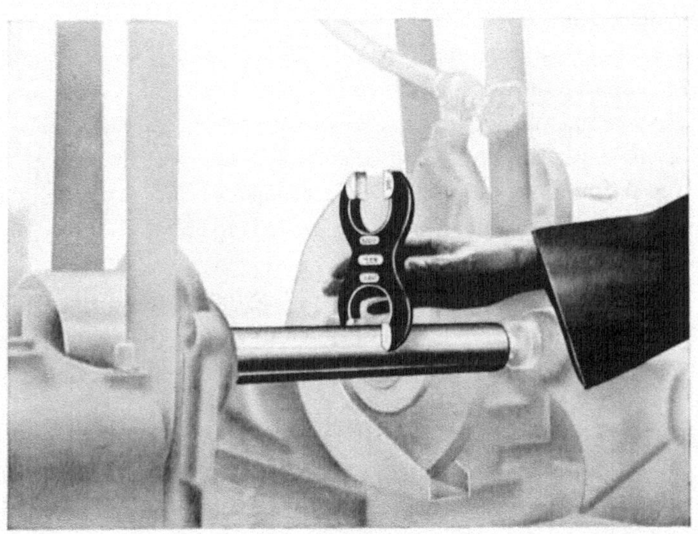

Bild 4.

Die Ausschußseite der Rachenlehre darf sich nicht über die Welle führen lassen,
sondern höchstens anschnäbeln.

Gut- und
Ausschuß-
seite.

Da eine Bohrung Ausschuß ist, sobald sich die größere Seite eines Grenz=
lehrdornes einführen läßt, wird diese mit „Ausschußseite" bezeichnet,
ebenso diejenige Seite der Rachenlehre, die nicht hinübergehen darf, da sonst
die Welle schon zu klein, also ebenfalls Ausschuß wäre. Die anderen Seiten
der betreffenden Lehren heißen im Gegensatz dazu „Gutseiten".

Der Gebrauch der festen Lehren hat außer dem Vorteil der
einwandfreien Messung, die von dem Gefühl des Arbeiters
unabhängig ist, und der erhöhten Meßsicherheit noch folgende
Vorzüge:

Vorzüge
der
Grenzlehre.

Er gestattet, wie die Praxis beweist, an vielen Stellen gelernte
Arbeiter durch ungelernte zu ersetzen, und zwar deshalb, weil die
Grenzlehre eine weitgehende Arbeitsteilung zuläßt und der
Meßvorgang als solcher auch in der Hand des Ungelernten
einwandfreie Paßmaße ergibt. Der Begriff über abnahme=
fähige und nichtabnahmefähige Arbeit wird genau geregelt.
Die einzelne Messung ist sehr rasch ausgeführt, da man mit
einer festen Lehre an das Werkstück herangeht und nicht erst ein einstell=
bares Werkzeug, wie Schraublehre, Greifzirkel oder Lochtaster auf Maß ein=
stellen muß. Auch ist die Meßgenauigkeit eine wesentlich höhere,
wie aus folgendem hervorgeht:

Es kann ein Lehrdorn von 20 mm Durchmesser, der sich eben noch in eine
Bohrung einführen läßt, in eine andere Bohrung, welche um 0,003 mm kleiner
ist, nicht mehr eingeführt werden. Ebenso geht eine Rachenlehre, welche sich eben
noch über eine Welle führen läßt, ohne Zwang nicht mehr über eine andere,
welche um 0,002 mm größer ist. Die Grenzmaße von Werkstücken, die noch
erreicht werden dürfen, damit sie „lehrenhaltig" sind, sind also praktisch
außerordentlich scharf festzustellen.

So bildet die Grenzlehre das ideale Meßwerkzeug für die Werkstatt;
sie gestattet ein flottes, billiges und genaues Arbeiten wie kein zweites.
Nur sie verbürgt volle Austauschbarkeit der Einzelteile.

4. Arbeitslehren und Abnahmelehren.

Abnahme
im eigenen
Werk.

Häufig werden Werkstücke, die in der Werkstatt nach Grenzlehren ange=
fertigt werden, in einer besonderen „Abnahme" nochmals mit anderen
Grenzlehren geprüft. Werden an beiden Stellen Lehren gebraucht, die in neuem
Zustande genau gleich sind, so kann es vorkommen, daß sich in einem ge=
wissen Zeitpunkt im Betrieb abgenutzte Lehren befinden, während diejenigen
der Abnahme neu sind. Auf Rachenlehren angewendet bedeutet dies, daß die

Betriebsrachenlehre auf der Gutseite etwas weiter geworden ist. Nach ihr werden also noch viele Werkstücke als lehrenhaltig befunden, die etwas größer sind, als sie nach einer neuen Lehre ausfallen würden. Wenn nun diese Stellen in der Abnahme mit einer neuen Grenzrachenlehre geprüft werden, die natur= gemäß etwas enger ist, so geht diese nicht hinüber, und die Werkstücke werden als nicht maßrichtig zurückgewiesen. Selbst wenn beide Teile neue Lehren haben, kann dieser Fall eintreten, nämlich dann, wenn die eine Lehre an der oberen, die andere an der unteren Genauigkeitsgrenze liegt. Der Unter= schied zwischen diesen Grenzen, d. h. die Lehrentoleranz, beträgt z. B. bei Feinpassung und einem mittleren Durchmesser von 40 mm 5 μ. In beiden Fällen entstehen bei der Abnahme Streitigkeiten zwischen Werk= statt und Abnahme. Man umgeht sie innerhalb des eigenen Betriebs praktisch dadurch, daß man der Abnahme niemals neue Lehren gibt. Neue Lehren erhält vielmehr stets die Werkstatt, und erst, wenn sie um einen gewissen Betrag abgenutzt sind, erhält sie die Abnahme. Diese hat somit praktisch in ihren Lehren stets einen größeren Toleranzspiel= raum für die Werkstücke als die Werkstatt.

Mindestens der gleiche Toleranzspielraum muß nun natürlich auch bei der Abnahme durch Dritte zugrunde gelegt werden, da sonst hierbei ähnliche Differenzen entstehen könnten, wie sie vorstehend zwischen Werkstatt und Werksabnahme geschildert sind. Der Normenausschuß hat daher für die A b = n a h m e d u r c h Dritte, namentlich B e h ö r d e n, b e s o n d e r e A b n a h m e = g r e n z l e h r e n vorgesehen. Der Toleranzspielraum, den diese Lehren haben, ist größer als derjenige der Arbeitslehren, und zwar um den Betrag der zu= lässigen Abnützung der Arbeitslehren sowie um den Betrag der Herstellungs= genauigkeit derselben. Es können also nie irgendwelche Schwierigkeiten bei der Abnahme durch Behörden auftreten, solange die Arbeitsgrenzlehren eines Betriebes in Ordnung sind. Allerdings kann für diese Abnahmelehren eine Ab= nutzung nicht mehr zugelassen werden, wenigstens nicht innerhalb der Edel=, Fein= und Schlichtpassung. Daher können solche Abnahmelehren nicht zur Abnahme a l l e r Teile benutzt werden. Die abnehmende Behörde muß vielmehr praktisch so vorgehen, daß sie die Mehrzahl der Teile mit den DIN=Arbeits= lehren prüft und die Abnahmelehre nur dann benutzt, wenn ein Werkstück nicht mehr in dem obenerwähnten Bereich der Arbeitslehre liegt. Damit wird die Benutzung der Abnahmelehre auf ganz wenige Fälle reduziert, so daß eine Abnutzung praktisch nicht eintritt. Für die Kennzeichnung der Abnahmelehren wird ein weißer Farbanstrich vorgesehen.

Auf den Abdruck der Zahlentafeln der Abnahmegrenzlehren, welche in

Abnahme=
lehren für
Behörden.

DIN 812—819 festgelegt sind, sei hier verzichtet, da die Anwendung der Abnahmegrenzlehren eine verhältnismäßig seltene ist. Dagegen seien die Maßverhältnisse in den folgenden Bildern 5—8 dargestellt. Links sind jeweils die Meßstellen der Arbeitslehren, rechts diejenigen der entsprechenden Abnahmelehren eingezeichnet.

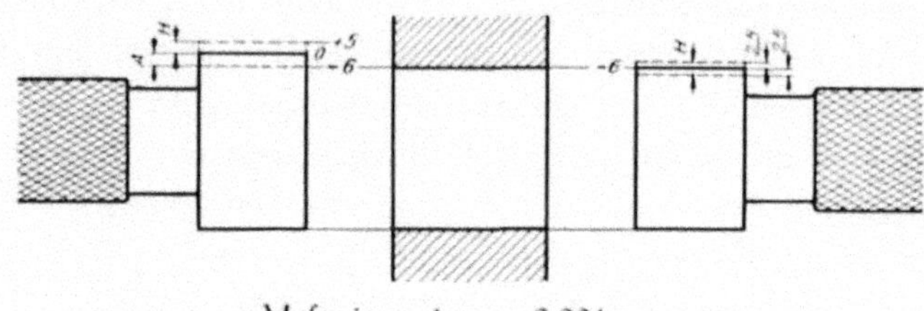

Maße in μ, 1 μ = 0,001 mm
Bild 5.
Gegenüberstellung der Maße der Gutseiten eines Arbeits- und eines Abnahmelehrdornes.

Bild 5 bezieht sich auf die Gutseite der Grenzlehrdorne für eine Einheitsbohrung Feinpassung von 40 mm Durchmesser. Das Bohrungskleinstmaß soll 40,0 sein, also das Abmaß 0 haben. Der Durchmesser des Grenzlehrdornes darf in dem mit H bezeichneten Gebiet, nämlich der Herstellungsgenauigkeit, schwanken, also bis zu 5 μ größer ausfallen. Die im Betrieb auftretende Abnutzung darf das mit A bezeichnete Gebiet nicht überschreiten, in diesem Falle also höchstens bis zu — 6 μ gehen. Demnach kann die in der Mitte dargestellte kleinstmögliche Bohrung bis auf dieses Maß kommen. Da sie von Abnahmebeamten noch als gut befunden werden soll, wird die in Bild 5 rechts dargestellte Gutseite des Abnahmegrenzlehrdornes möglichst genau auf dieses Maß (— 6 μ) gefertigt. Die Herstellungsungenauigkeit von + 2,5 μ, der auch diese Lehre unterworfen ist, muß die Abnahme mit in Kauf nehmen.

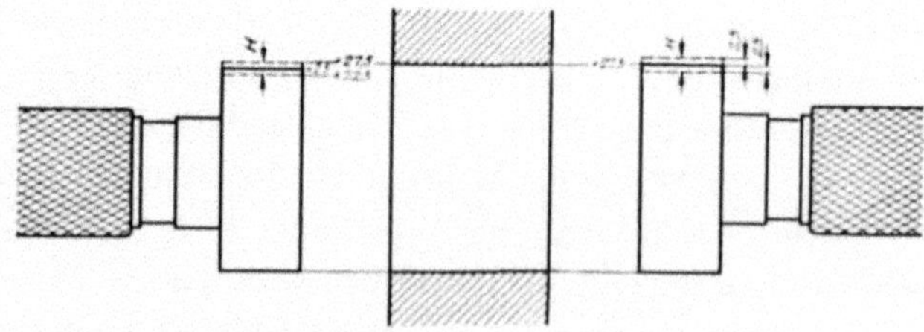

Maße in μ, 1 μ = 0,001 mm
Bild 6.
Gegenüberstellung der Maße der Ausschußseiten eines Arbeits- und eines Abnahmelehrdornes.

Etwas anders ist die Lage bei der Ausschußseite der Grenzlehrdorne. Dort hat man es mit einer Abnutzung nicht zu tun, weil die Ausschußseite nie in eine Bohrung hineingehen soll. Bild 6 bezieht sich auf die Ausschußseiten der Grenzlehrdorne, deren Gutseiten in Bild 5 dargestellt sind. Die links abge= bildete Ausschußseite der Arbeitslehre soll + 25 μ haben und schwankt ent= sprechend der Lehrentoleranz (d. i. Herstellungsgenauigkeit) zwischen + 22,5 μ und + 27,5 μ. Die größte Bohrung könnte also bis an das letztere Maß heran= reichen, bevor sie Ausschuß wird. Infolgedessen erhält die rechts abgebildete Ausschußseite der Abnahmelehre als Maß das Größtmaß der Arbeitsausschuß= lehre, nämlich + 27,5 μ. Auch hier muß die Herstellungstoleranz von ± 2,5 μ, die zahlenmäßig stets derjenigen der Ausschußseite der Arbeitslehre entspricht, mit in Kauf genommen werden.

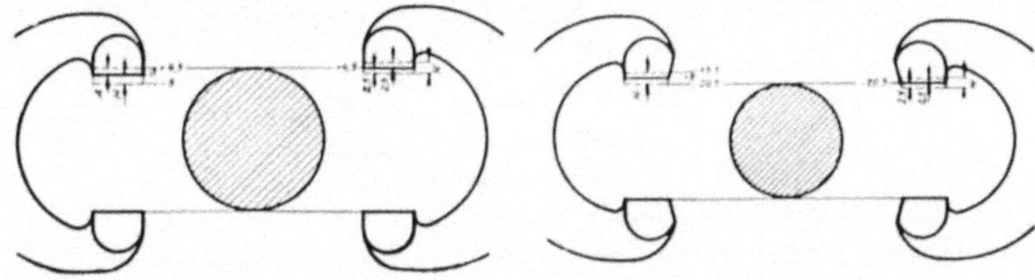

Maße in μ, 1 μ = 0,001 mm

Bild 7.   Bild 8.

Gegenüberstellung der Maße von Arbeits= und Abnahmerachenlehren.

Die Abbildungen 7 und 8 zeigen die entsprechenden Bilder für das Ein= heitswellensystem Feinpassung von 40 mm Durchmesser. Die Maße verschieben sich hierbei in der umgekehrten Richtung, und zwar erhält die Gutseite der Abnahmegrenzrachenlehre das Abnutzungsmaß der Arbeitsgutseite mit + 4,5 μ, die Ausschußseite der Abnahmelehre erhält das Kleinstmaß der Arbeitsaus= schußseite mit – 20,5 μ.

5. Prüflehren und Abnutzungsprüfer.

Arbeitslehren, die dauernd zuverlässig messen sollen, erfordern eine genaue Prüfung und verständnisvolle Überwachung im Betrieb.

Man benützt hierzu Gegenlehren, von denen man zweierlei Arten unter= scheidet. Die einen, die „Prüflehren", dienen zur Kontrolle des Maßes einer neuen Arbeitslehre, die andern, die „Abnutzungsprüfer", zur Feststellung, ob sich eine Lehre beim Gebrauch nicht etwa über das zulässige Maß hinaus abgenützt hat.

Das Sollmaß der **Prüflehre für die Gutseite** stimmt nicht, wie man meinen könnte, mit dem Sollmaß der Arbeitslehrengutseite überein, sondern es ist um

Prüflehren für die Gutseite.

deren Herstellungsgenauigkeit verschieden. Bei Wellenarbeitslehren liegt die Herstellungsgenauigkeit der Gutseite zum Sollmaß negativ, das Sollmaß der zugehörigen Prüflehre ist also um die Herstellungsgenauigkeit kleiner (Kleinst= maß der Arbeitslehren=Gutseite). Damit nun das Maß der Prüflehre keinesfalls unter dem Kleinstmaß der zu prüfenden Wellenarbeitslehre sinkt, ist ihre Her= stellungsgenauigkeit positiv gelegt (s. Bild 9).

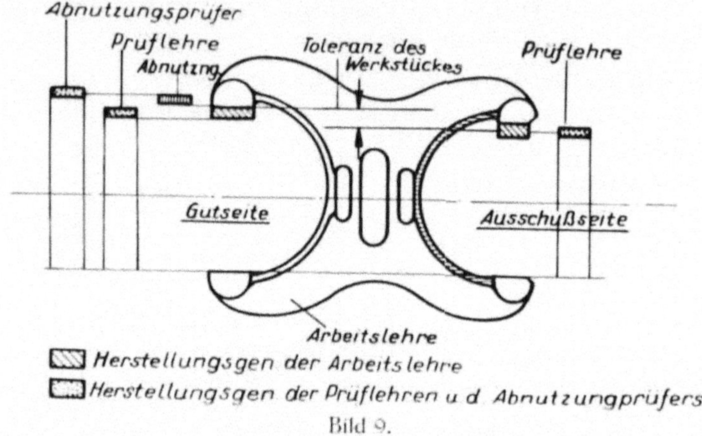

Bild 9.

Zusammenhang einer Wellenarbeitslehre mit den zugehörigen Prüflehren und dem Abnutzungsprüfer.

Für eine Prüflehre, mit der die Gutseite einer Laufsitzrachenlehre von 60 mm des Einheitsbohrungssystems Feinpassung geprüft werden soll, würde sich folgender Zahlenwert ergeben:

Sollmaß der Gutseite der Laufsitzrachenlehre 60−0,030 (ob. Abmaß) = 59,9700
hiervon ab Herstellungsgenauigkeit der Gutseite der Rachenlehre − 0,0065
bleibt Kleinstmaß der Gutseite der Laufsitzrachenlehre 59,9635

Dieses Kleinstmaß erhält die Prüflehre. Ihre Herstellungsgenauigkeit beträgt + 0,0035. Die Prüflehre ist infolgedessen richtig, wenn sich ihr Maß zwischen 59,9635 und (59,9635 + 0,0035 =) 59,967 bewegt.

Ganz ähnlich liegt die Sache bei den Prüflehren für Bohrungs= lehren, nur daß dort die Prüflehre natürlich nicht das Kleinstmaß, sondern das Größtmaß der Gutseite des Grenzlehrdornes erhält, da die Prüflehre über die Gutseite eines neuen Grenzlehrdornes hinweggehen muß. Die Herstel= lungsgenauigkeit der Prüflehre ist hier negativ gelegt.

Das Sollmaß der Prüflehre für die Ausschußseite stimmt mit dem Sollmaß der Arbeitslehren=Ausschußseite überein. Auch die Herstellungsgenauigkeit ist nach oben und unten zu gleichen Teilen verteilt, jedoch ist sie kleiner als bei der Arbeitslehre (s. Bild 9).

Bei der obenerwähnten Laufsitzrachenlehre ist das Sollmaß für die Aus=
schußseite 60 – 0,060 (unteres Abmaß) = 59,940. Dieses Maß erhält auch
die Prüflehre. Ihre Herstellungsgenauigkeit beträgt dabei + 0,0018.

Die Abnutzungsprüfer entsprechen in ihrer Form den anderen Prüflehren.
Für Grenzrachenlehren sind sie um den Betrag der zulässigen Abnutzung der
Gutseite größer als das Sollmaß derselben (s. Bild 9).

Abnutzungs=
prüfer.

Beispiel:
Sollmaß der Gutseite der Laufsitzrachenlehre 60–0,030 (ob. Abmaß) = 59,970
zulässige Abnutzung . . . . + 0,007
abgenutzte Gutseite der Rachenlehre 59,977
Nach diesem Maß wird der Abnutzungsprüfer hergestellt. Seine eigene
Herstellungsgenauigkeit beträgt dabei + 0,0018.

Umgekehrt sind die Abnutzungsprüfer für die Gutseite von Grenzlehrdornen
um den Betrag der zulässigen Abnutzung kleiner als das Sollmaß.

Abnutzungsprüfer benötigt man nur für die Gutseite von Arbeitslehren; für
die Ausschußseite sind sie nicht erforderlich, da die Ausschußseite nur selten an
den Meßflächen mit dem Werkstück in Berührung kommt, also sich praktisch
kaum abnutzt.

Für einen Betrieb, der seine Lehren gut überwachen will, sind demnach ins=
gesamt folgende Gegenlehren zu empfehlen:

für Grenzrachenlehren
zum Prüfen der Gutseite: 1 Prüflehre, über welche die Gutseite infolge des Eigen=
gewichtes der Rachenlehre hinweggehen muß,
1 Abnutzungsprüfer, über den die Gutseite nicht hin=
übergehen darf;
zum
Prüfen d. Ausschußseite: 1 Prüflehre, mit der die Ausschußseite genau über=
einstimmen muß.

Die Nachprüfung von Grenzlehrdornen kann, wenn man diese nicht, wie
es meist gemacht wird, unmittelbar auf der Meßmaschine vornehmen will, in
gleicher Weise wie vorstehend bei den Grenzrachenlehren durchgeführt werden.
Man würde dann benötigen:

für Grenzlehrdorne
zum Prüfen der Gutseite: 1 Prüfrachenlehre, die sich über die Gut=
seite führen lassen muß,
1 Abnutzungsprüfer, der nicht über die
Gutseite hinweggehen darf;
zum Prüfen der Ausschußseite: 1 Prüfrachenlehre, mit der die Ausschuß=
seite genau übereinstimmen muß.

Diese 3 Prüflehren sind jedoch für Grenzlehrdorne nicht unbedingt sämtlich erforderlich, und zwar aus folgenden Gründen:

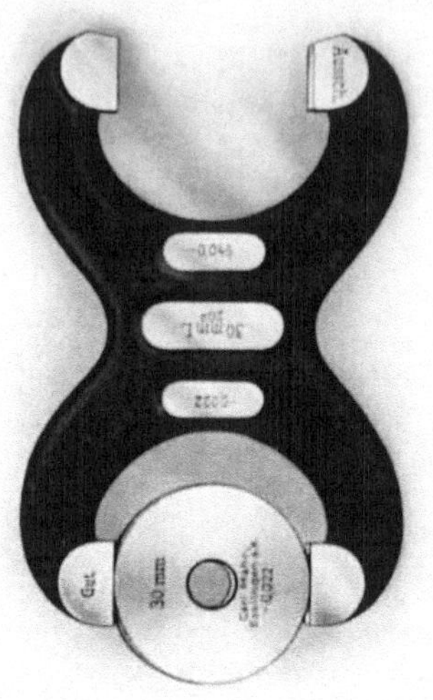

Bild 10.
Die Rachenlehre muß infolge ihres Eigen=
gewichtes über die Meßscheibe gleiten.
Prüfen einer Rachenlehre mittels
Meßscheibe.

Bezieht man seine Lehren von einer ersten Lehrwerkzeugfabrik, so hat man Gewähr dafür, daß die Maße der neuen Dorne sich innerhalb der in DIN 168 festgelegten Fehlergrenzen halten. Größer können die Lehrdorne beim Gebrauch nicht werden. Es genügt also vollkommen, im Betrieb jeweils zu untersuchen, ob nicht die Gutseite eines Lehrdornes im Laufe der Benützungszeit zu klein geworden ist. Für diese Untersuchung benötigt man nur einen Abnützungsprüfer, die Prüflehren sind entbehrlich.

Ähnlich liegt die Sache bei Grenz= rachenlehren. Auch hier wird es für viele Betriebe ausreichend sein, wenn sie sich darauf beschränken, nachzuprüfen, ob sich die Gutseite einer Grenzrachenlehre noch nicht über das zulässige Maß hinaus ab= genützt hat.

Außere Form von Prüflehren.

Nun mögen noch einige Worte über die **äußere Form von Prüflehren** und Abnutzungsprüfer folgen:

Zur Prüfung von Rachenlehren verwendet man mancherorts Parallelendmaße, welche für jede beliebige Abmessung zusammengesetzt werden können.

Besser ist es jedoch, wenn u n v e r ä n d e r l i c h e P r ü f m a ß e vorhanden sind. Dadurch werden etwaige Versehen, wie sie bei zusammenstellbaren Gegen= lehren vorkommen, vermieden, außerdem wird eine rasche, einwandfreie Prü= fung durch diese festen Lehren ermöglicht.

Als solche kommen in Betracht: Meßscheiben und Meßstäbe nach Bild 10 bzw. 11 (s. auch Seite 87). **Meßscheiben** benützt man bis 100 mm Durchmesser. Darüber hinaus werden Meßscheiben zu schwer, man benützt daher an deren Stelle für die größeren Maße **Meßstäbe**. Die Meßflächen derselben sind Teile von Zylinderflächen, sie entsprechen also durchaus den Meßscheiben. Beide Arten Lehren haben gegenüber Parallelendmaßen voraus, daß ihre Meß= flächen zylindrisch sind und somit gleiche Form haben wie die nach den Rachenlehren herzustellenden Wellen.

Abnutzungsprüfer für Rachenlehren sind, um schon durch ihre äußere Form Verwechslungen mit Meßscheiben vorzubeu= gen, als Flachstäbe (siehe Seite 89) hergestellt, deren Enden ebenfalls Teile von Zylinderflächen sind.

Zum Prüfen von Grenz= lehrdornen werden sowohl als Prüflehren wie als Abnutzungsprüfer **Prüf= rachenlehren** verwendet, wie sie auf Seite 86 näher beschrieben sind.

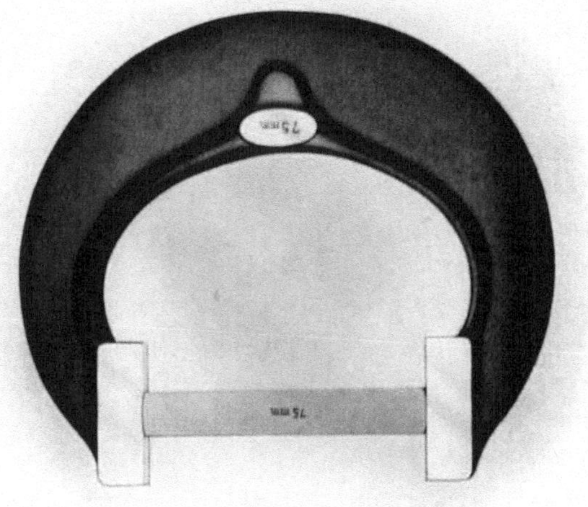

Bild 11.
Die Rachenlehre muß infolge ihres Eigengewichtes über den Meßstab gleiten.
Prüfen einer Rachenlehre mittels Meßstab.

6. Normallehren.

Als Normallehren finden Parallelendmaße, Normallehrdorne und Normal= lehrringe und in gewissen Fällen auch Meßscheiben Verwendung. Alle Nor= mallehren besitzen nur eine Meßstelle und eignen sich, wie schon auf Seite 6 erläutert, nicht als Arbeitslehren für die Werkstatt, da sie nur das N o r m a l= maß enthalten, a u f d a s m a n s i c h bei der Prüfung und Einstellung a n d e r e r Meßgeräte (Schraublehren, Schieblehren, Geräten mit Meßuhr oder Zeigerlehren) sowie auch bei der Herstellung sonstiger genauer Werk= zeuge b e z i e h t. Damit die **Parallelendmaße** ihre Aufgabe als Prüfwerk= zeuge und Urmaße eines Betriebes in jeder Beziehung erfüllen, werden sie in solchen Maßabstufungen und in einer Genauigkeit geliefert, daß man durch Zusammensetzen von höchstens 4 Endmaßen jedes beliebige Maß zwischen 1 und 200 mm von $^1/_{100}$ mm zu $^1/_{100}$ mm steigend erhält. Dazu werden noch Ergänzungssätze geliefert, mit deren Hilfe sich alle Maße in $^1/_{1000}$ mm Abstufung zusammensetzen lassen. (Weiteres über Parallelendmaße Seite 92–95.)

Jede gut eingerichtete Werkstätte sollte einen Satz Parallelendmaße erster Güte im Besitz haben, der für sie die Einheit bildet, auf die sich letzten Endes alle genauen Messungen im Werk beziehen. Dieser Ursatz sollte nie in die Werkstatt gelangen, sondern allenfalls nur zum Vergleich herangezogen wer=

Normal=
lehren.

Parallel=
endmaße.

den, wenn über die Genauigkeit der in der Kontrolle oder der im Betriebe be=
findlichen Sätze Zweifel entstanden sind.

Normallehrdorne und Normallehrringe werden so hergestellt, daß der
Dorn das genaue Normalmaß hat, während der Ring so geschliffen wird, daß
er sich unter Benützung feinsten Hammeltalgs saugend über den Dorn führen
läßt. Sein Durchmesser wird also um einen geringen, kaum meßbaren Betrag
von dem des Dornes verschieden sein. Dieser Unterschied ist so gering und
das Passen der beiden Teile so genau, daß sie sich sofort aufeinander fest=
saugen, wenn man beim Zusammenfügen auch nur auf einen Augenblick die
gegenseitige Bewegung unterbricht. Das Einführen des Dornes erfordert einige
Übung und muß sehr vorsichtig vorgenommen werden, denn sobald sich beide
Teile festgesaugt haben, oder gar Kaltschweißung stattfand, ist eine Trennung
nur unter Erwärmung des Rings oder unter Anwendung von Gewalt mög=
lich. Besonders ist auch darauf zu achten, daß beim Einführen Dorn und
Ring die gleiche Temperatur haben, da es nicht möglich ist, beide Teile zu=
sammenzufügen, wenn der Dorn eine etwas höhere Temperatur aufweist
als der Ring.

Zur dauernden Überwachung aller Lehren (Endmaße, Normal= und Grenzlehr=
dorne, Meßscheiben, Meßstäbe, Abnutzungsprüfer) dient eine mit besonderer
Sorgfalt gebaute Vorrichtung, nämlich die bereits erwähnte **Meßmaschine**.
Auf ihr wird zunächst ein Endmaß (Urlehre), dessen Länge genau bekannt
ist, zwischen den Meßtastern eingelegt und der Indexstrich am Meßrad ent=
sprechend eingestellt. Wird sodann an Stelle des Endmaßes die zu messende
Lehre gelegt, so kann bis zu einer Genauigkeit von Zehntausendsteln eines
Millimeters abgelesen werden, um wieviel Endmaß und zu prüfende Lehre
voneinander verschieden sind. Auf diese Art geprüfte Gegenlehren dienen
dazu, die in der Werkstatt und in der Revision im Gebrauch befindlichen
Rachenlehren dauernd zu überwachen.

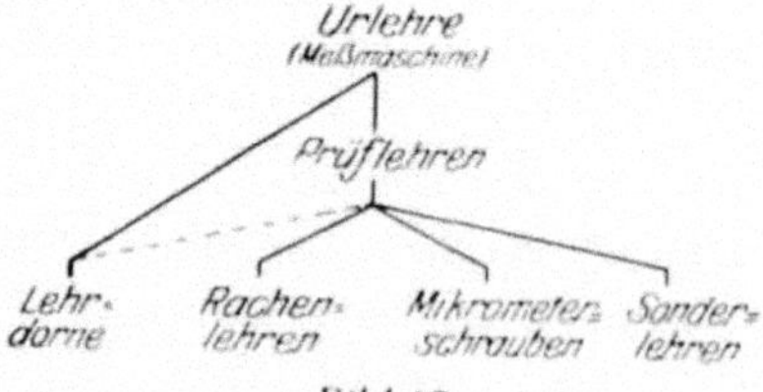

Bild 12.

Zusammenhang der Maße der einzelnen Meßwerkzeuge.

Bei einer erstklassigen Massenfabrikation geht man sogar so weit, daß man
drei vollständige Sätze von Gebrauchslehren führt, von denen

immer einer in der Werkstatt ist und zum Beispiel jede Woche gegen den anderen ausgetauscht wird, während der dritte zur Revision oder als Reserve dient. So kann jeder Satz nach wöchentlicher Gebrauchsdauer richtig und gewissenhaft auf Brauchbarkeit geprüft werden.

Von nicht zu unterschätzendem Einfluß bei der Prüfung von Lehren ist die **Meßtemperatur.** Um zuverlässige und wirklich genaue Meß= ergebnisse zu erzielen, ist es erforderlich, daß die zu vergleichenden Lehren vor der Prüfung einige Zeit im Meßraum gelagert werden, damit sie gleiche Temperatur annehmen. Ferner dürfen solche Lehren beim Messen nur mit Holzgabeln oder anderen die Handwärme nicht übertragenden Grei= fern angefaßt werden. Jede Beeinflussung durch Sonnenschein oder durch in der Nähe befindliche Heizkörper muß ausgeschaltet werden. Die Temperatur des Meßraumes, in der die Meßmaschine zu benutzen ist, soll 20°C betragen und möglichst unveränderlich sein. Es empfiehlt sich daher, den Meßraum nach Norden zu legen, damit er von Sonnenbestrahlung nicht beeinflußt wird.

Meß= temperatur.

7. Die Normen für Passungen.

A. Bezugstemperatur.

Die Forderung, austauschbar zu fertigen, stellt hohe Ansprüche an die Genauigkeit der Meßwerkzeuge, die in der Werkstatt gebraucht werden. Nur dadurch, daß die Technik auch hier gewaltige Fortschritte gemacht hat und von der Meßwerkzeugindustrie Erzeugnisse höchster Genauigkeit geliefert werden, ist es möglich, in der Fertigung die verlangte hohe Genauigkeit ein= zuhalten. Aber auch noch so genau gearbeitete Meßwerkzeuge können nur dann die geforderte allgemeine Austauschbarkeit sicherstellen, wenn alle Meßwerkzeuge verschiedener Herkunft volle Übereinstimmung aufweisen. Der Normenausschuß schreibt deshalb vor, daß Lehr= und Meßwerkzeuge der Industrie bei der Bezugstemperatur von 20°C ihren Sollwert aufweisen sollen, bei dieser Temperatur demnach ebenso lang sind wie die entsprechende Tei= lung des internationalen Urmeters bei 0°, also dem ideellen, unveränderlich zu denkenden Meter zu entsprechen haben. Diese Temperatur von 20°C stellt die mittlere Werkstattemperatur dar und wurde gewählt, weil sie im Prüfraum eines jeden Werkes unschwer eingehalten werden kann und die wechselnden Ausdehnungszahlen der Lehrenwerkstoffe ausschaltet.

Bezugs= temperatur

Die volle Übereinstimmung der Industriemaße wird von der Physikalisch= Technischen Reichsanstalt, der obersten deutschen Meßbehörde, überwacht. Sie nimmt bei 20°C die Prüfung der ihr eingesandten Endmaße mit ihren

Meßbehörde.

Hauptnormalen vor, die an das deutsche und damit an das internationale Ur=
meter angeschlossen sind. Diese so geprüften Endmaße dienen den Lehrwerk=
zeugfabriken als Urmaße, mit denen dann wiederum die Endmaßsätze und
Lehren, welche in die Industrie kommen, gleiches Maß haben müssen. Es
ergibt sich also eine bestimmte Abhängigkeit der Maße untereinander, die
in Bild 13 versinnbildlicht ist.

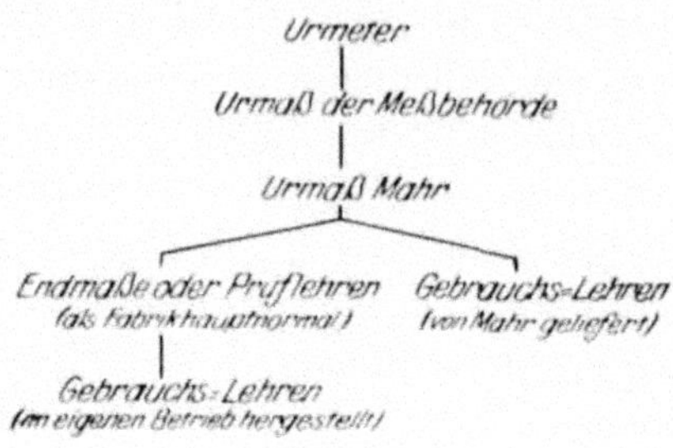

Bild 13.
Der Zusammenhang von Gebrauchslehren mit dem Urmeter.

Es geht daraus hervor, daß eine im eigenen Betrieb hergestellte Lehre bezüg=
lich der Genauigkeit eine Stufe tiefer steht als eine von der Meßwerkzeug=
fabrik bezogene.

B. Passungen.

Seit vielen Jahren bestehen gewisse Erfahrungswerte für die Herstellungs=
genauigkeit solcher Teile, die zusammengefügt eine bestimmte Passung er=
geben sollen. Es wurde schon vor mehr als zwanzig Jahren auf Grund von
Versuchen ein Passungssystem ausgearbeitet, das rasche Verbreitung gewann.
Doch sind im Laufe der Jahre noch eine ganze Reihe weiterer Passungs=
systeme aufgestellt worden. Die Gründe hierfür lagen zum Teil darin, daß
einzelne Firmen, ohne von jener Arbeit zu wissen, eigene Wege gingen, zum
Teil aber auch darin, daß gewisse Bedürfnisse von Sonderfertigungen eigene
Passungen verlangten.

Nimmt man dazu noch die bisherige Verschiedenheit der Bezugstemperatur,
so bot sich noch vor kurzer Zeit ein solches Vielerlei, daß es nur in gewissen
Fällen möglich war, die Erzeugnisse eines Werkes in einem anderen ohne
Nacharbeit in eine Maschine einzubauen.

Bevor in die Beschreibung der Einzelheiten eingetreten wird, sei auf die
nachstehende Zusammenstellung und Erläuterung über die für das Gebiet der
Passungen wesentlichen Begriffe und Benennungen hingewiesen.

Zusammenstellung
der wichtigsten Begriffe auf dem Gebiete der Passungen.
(Nach DIN 774—775.)

Grenzmaße. Eine vorgeschriebene Abmessung kann bei Herstellung eines Werkstückes nie genau getroffen werden. Daher sind für jede Abmessung zwei Maße festzulegen, zwi-

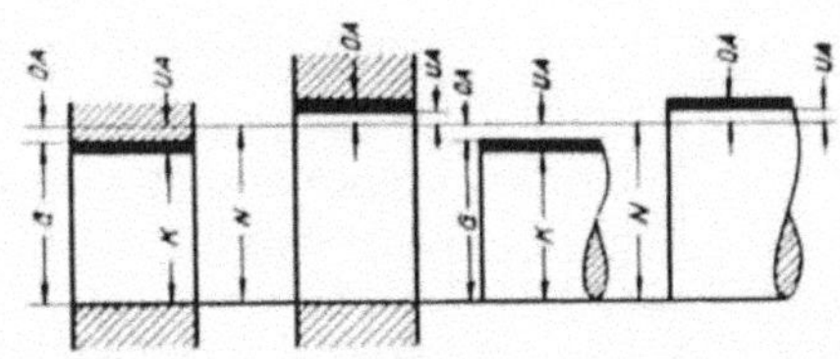

Bild 14.

schen denen das Maß eines Werkstückes schwanken darf. Diese Maße heißen Grenzmaße.

Größtmaß (G) ist das größere,

Kleinstmaß (K) ist das kleinere der beiden Grenzmaße.

Beispiel: Größtmaß G $=$ 59,97, Kleinstmaß K $=$ 59,94.

Toleranz (T) ist der Unterschied zwischen dem Größtmaß und dem Kleinstmaß, T $=$ G $-$ K.

Beispiel: T $=$ 59,97 $-$ 59,94 $=$ 0,03. Die Toleranz ist unabhängig von der Größe des Größt- oder des Kleinstmaßes im Vergleich zum Nennmaß.

Nennmaß (N). Die beiden Grenzmaße eines Stückes werden auf ein Nennmaß N, z. B. 60, bezogen. Dieses dient zur kurzen Maßbezeichnung und zur einfachen Angabe der beiden Grenzmaße selbst, indem die Unterschiede zwischen Größtmaß und Nennmaß, $-$ 0,03, bzw. Kleinst- und Nennmaß $-$ 0,06, dem Nennmaß zugefügt werden. Diese Unterschiede heißen o b e r e s bzw. u n t e r e s Abmaß.

Beispiel: Nennmaß 60 $\begin{array}{l} -0,03 \text{ oberes Abmaß,} \\ -0,06 \text{ unteres Abmaß.} \end{array}$

Oberes Abmaß (OA) ist der Unterschied zwischen Größtmaß und Nennmaß; OA $=$ G $-$ N.

Beispiel: OA $=$ 59,97 $-$ 60 $=$ $-$ 0,03.

Unteres Abmaß (UA) ist der Unterschied zwischen Kleinstmaß und Nennmaß; UA $=$ K $-$ N.

Beispiel: UA $=$ 59,94 $-$ 60 $=$ $-$ 0,06.

Istmaß ist das bei der Herstellung eines Werkstückes tatsächlich gemessene Maß. Das Istmaß eines Gutstückes muß innerhalb der Grenzmaße liegen.

Beispiel: 59,96.

Abmaß eines Fertigstückes ist der Unterschied zwischen Istmaß und Nennmaß.
Beispiel: Bei einem Istmaß von 59,96 und einem Nennmaß von 60 ist das Abmaß = 59,96 — 60 = — 0,04.

Passung ist die allgemeine Bezeichnung für die Beziehung zwischen zusammen=
gefügten Teilen, soweit sie Spiel oder Übermaß betrifft.
Auf zusammengehörige Bohrungen und Wellen (sinngemäß auf zu=
sammengehörige Außen= und Innenstücke) übertragen gilt:

Spiel (S) ist der Unterschied zwischen den Durch=
messern von Bohrung und Welle, wenn der
Bohrungsdurchmesser größer als der Wellen=
durchmesser ist (siehe Bild 15).

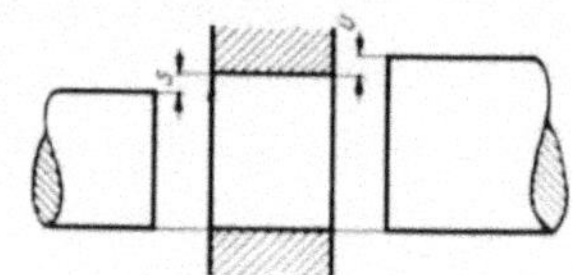

Bild 15.

Größtspiel (GS) ist der Unterschied zwischen Größtmaß der Bohrung und
Kleinstmaß der Welle (siehe Bild 16).
Beispiel: GS = 60,03 — 59,94 = 0,09.

Kleinstspiel (KS) ist der Unterschied zwischen Kleinstmaß der Bohrung und
Größtmaß der Welle.
Beispiel: KS = 60 — 59,97 = 0,03 (siehe Bild 16).

Übermaß (Ü) ist der Unterschied zwischen den Durchmessern von Bohrung
und Welle, wenn vor dem Zusammenfügen der Bohrungsdurchmesser
kleiner ist als der Wellendurchmesser. (Übermaß ist negatives Spiel,
siehe Bild 15.)

Größtübermaß (GÜ) ist der Unterschied zwischen Größtmaß der Welle und
Kleinstmaß der Bohrung (siehe Bild 16).
Beispiel: GÜ = 60,06 — 60 = 0,06.

Kleinstübermaß (KÜ) ist der Unter=
schied zwischen Kleinstmaß der
Welle und Größtmaß der Boh=
rung (siehe Bild 16).
Beispiel:
KÜ = 60,04 — 60,03 = 0,01.

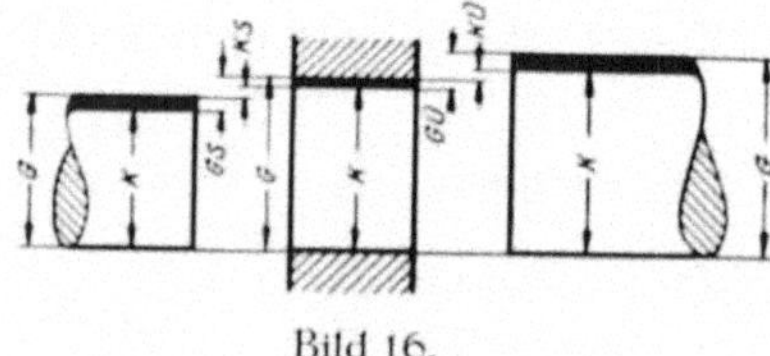

Bild 16.

Paßtoleranz (P) ist zum Unterschied von der Toleranz eines Einzelstückes die
Toleranz der Passung zweier zusammengefügter Teile, in bezug auf Boh=
rung und Welle ist sie gleich der Summe der Toleranzen von Bohrung
und zugehöriger Welle und damit gleich der Spielschwankung, d. h.

dem Unterschied zwischen Größtspiel und Kleinstspiel. Bei festen Sitzen ist die Paßtoleranz die Schwankung von größtem und kleinstem Übermaß.

Sitz. Unterschiede im Spiel und Übermaß ergeben verschiedene Passungen, die als Sitze bezeichnet werden, und zwar: Bewegungssitze (z. B. Lauf= sitz, Gleitsitz), wenn soviel Spiel vorhanden ist, daß die Teile betriebs= mäßig gegeneinander beweglich sind, oder Ruhesitze (z. B. Schiebesitz, Treibsitz, Preßsitz), wenn das Spiel geringer oder Übermaß vorhanden ist.

Besonders sei auf die Erläuterung der Begriffe Toleranz und Abmaß aufmerksam gemacht, bei denen bisher kein einheitlicher Sprachgebrauch herrschte. Toleranz heißt „Duldung" und stellt den Betrag dar, um den z. B. zwei sonst gleiche Wellen höchstens voneinander abweichen dürfen. Abmaß ist ein Betrag, um den eine Welle vom Nennmaß ab= weicht, und zwar muß z. B. eine Laufsitzwelle im Einheitsbohrungssystem mindestens um das obere Abmaß abweichen, weil sonst die Wellen zu stark werden würden.

Sagt man z. B. bei einer Laufsitzpassung von 70 mm Durchmesser, die Bohrung habe ein oberes Abmaß von $+\,0{,}03$ mm und ein unteres von 0 mm, so erhält man das Größtmaß und das Kleinstmaß, also die beiden Grenzmaße der Bohrung, indem man diese Werte zum Nennmaß zuzählt; man erhält also 70,03 bzw. 70,00 mm. Die Welle hat die Ab= maße $-\,0{,}03$ und $-\,0{,}06$ mm, so ergeben sich die Grenzmaße zu 69,97 bzw. 69,94 mm. Da das erstere Abmaß das größere Grenzmaß ergibt, so heißt es „oberes Abmaß" im Gegensatz zum andern, dem „unteren Abmaß".

Um den Betrag von 0,03 mm, also dem oberen Abmaß, muß die Welle min= destens kleiner sein als das Nennmaß. Darüber hinaus darf sie aber noch kleiner werden, nämlich um die Toleranz, welche $69{,}97 - 69{,}94 = 0{,}03$ mm gleich der Differenz der Abmaße ist. In diesem Sinne sind die auf Seite 57—64 dargestellten Abmaßtafeln zu verstehen und anzuwenden.

C. Gütegrade.

Gleiche Toleranzen für die verschiedenen Wellen und Bohrungen eines Durchmessers sind je unter einem „Gütegrad" zusammengefaßt. Die DIN unterscheiden die Gütegrade:

Edelpassung, Feinpassung, Schlichtpassung, Grobpassung.

Diese Abstufung ist in den vielseitigen Bedürfnissen der gesamten metall= verarbeitenden Industrie begründet. Es gibt eine Reihe von Werken, bei denen eine so feine Bearbeitung, wie Reiben der Bohrungen und Schleifen der Wellen, eine unnötige Verteuerung bedeuten würde. Diese benützen mit Vorteil die

Bild 17a.
Schleifen
Edel= und Feinpassung.

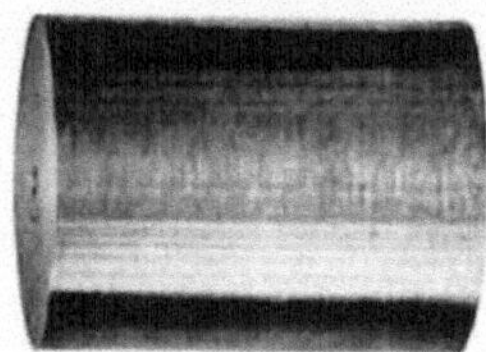

Bild 17b.
Schlichten
Schlicht= u. Grobpassung.

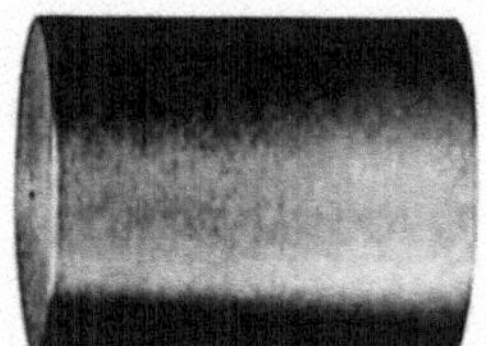

Bild 17c.
Schruppen.

Schlicht= und Grobpassung, während andererseits manche Industrien noch feinere Toleranzen benötigen, als sie in der Feinpassung festgelegt sind; hierfür ist die Edelpassung geschaffen.

Der charakteristische Unterschied in der Bearbeitungsweise, wie sie für die verschiedenen Gütegrade erforderlich ist, ist in Bild 17 an drei Wellenabschnitten dargestellt.

Trotzdem darf nicht angenommen werden, daß nur in der Edel= und Feinpassung geschliffen und gerieben, in der Schlichtpassung nur geschlichtet und in der Grobpassung nur geschruppt wird. **Toleranzen und Oberflächengüte** sind grundsätzlich voneinander **unabhängig.**

Eine feingeschliffene Welle wie in Bild 17a ist für die feinen Gütegrade unentbehrlich, jedoch wird, wo es wirtschaftlicher ist, auch in der Schlichtpassung geschliffen.

Eine Welle wie Bild 17b kann für Schlichtgleitsitz gut verwendet werden, wenn das Bohrungsteil nur aufgesteckt wird, jedoch werden die Toleranzen dieses Sitzes nur auf einer guten Drehbank, nicht auf der Revolverbank erreicht.

Wellen wie Bild 17c überschreiten im allgemeinen selbst die Toleranzen der Grobpassung; selbst wenn sie sie gelegentlich einhalten, sind sie für Laufsitze nicht brauchbar.

Die für die verschiedenen Sitze in den genannten vier Gütegraden festgelegten Toleranzgebiete sind derart gewählt, daß zwischen den Gütegraden eine gewisse Austauschbarkeit besteht, wie des näheren aus Bild 29 und 30 (Seite 36 u. 37) hervorgeht. Es kann jederzeit ein nach einem feineren Gütegrad gefertigter Bolzen in eine Bohrung eines gröberen Gütegrades passend eingebracht werden. Die Güte des so erzielten Sitzes ist etwas besser als die dem gröberen der beiden Gütegrade entsprechende.

Aus all dem geht hervor, daß es ein Irrtum wäre, anzunehmen, daß in einem bestimmten Werk nur e i n Gütegrad benutzt werden sollte. Dieser Fehler wird häufig begangen, weshalb hier besonders nachdrücklich darauf hingewiesen sei, daß bei den meisten Fertigungszweigen verschiedene Gütegrade in Frage kommen. Z. B. kann man die Laufsitze nach Schlichtpassung machen, während

man bei den Ruhesitzen auf die Feinpassung angewiesen ist. Für die beson=
deren Fälle der Kugellagerpassungen muß man bisweilen noch einige Grenz=
lehren aus der Edelpassung hinzunehmen. Andererseits kommt es häufig vor,
daß Teile von untergeordneter Bedeutung ohne weiteres auf der Revolverbank
fertiggestellt werden können, ohne daß man einen höheren Gütegrad als die
Grobpassung anstrebt. Man scheue sich nicht davor, für die gröberen Güte=
grade das Mehr an Lehren mit in Kauf zu nehmen! Die Ersparnisse an Löh=
nen und an Ausschuß wiegen diese Mehrkosten bei weitem auf; z. B. ist bei
Grobpassung, wie schon erwähnt, eine Fertigstellung auf der Revolverbank
oder dem Automaten ohne spätere Nacharbeit möglich, während die Fein=
passung ein Schleifen nach dem Drehen bedingt.

8. Die Passungssysteme:
Einheitsbohrung und Einheitswelle.

Die Verschiedenheit der einzelnen Sitze kann auf zwei Arten erreicht
werden:

Die eine Art besteht darin, jeweils die Bohrungen eines Durchmessers gleich
auszuführen und die Wellen entsprechend den erforderlichen Sitzen verschieden
stark zu machen: es ist dies das System der **Einheitsbohrung.**

Einheits=
bohrung.

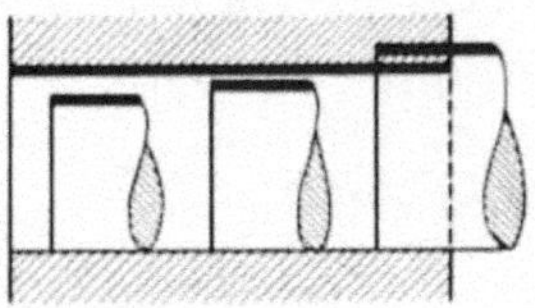

Bild 18.
Einheitsbohrung.

Die schwarzen Flächen in Bild 18 stellen, wie in Bild 14, die Toleranzgebiete
dar. Zu beachten ist, daß das Kleinstmaß der Einheitsbohrung gleich dem
Nennmaß ist.

Das umgekehrte Verfahren, jeweils die Wellen eines Durchmessers gleich
zu lassen und die Passungsunterschiede in die Bohrungen zu verlegen, wird
als System der **Einheitswelle** bezeichnet. Es ist in Bild 19 dargestellt; das
Größtmaß der Einheitswelle ist gleich dem Nennmaß.

Einheits=
welle.

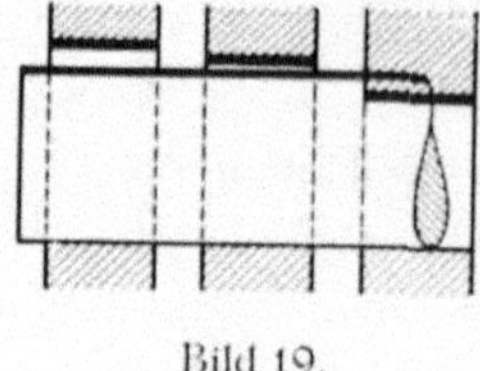

Bild 19.
Einheitswelle.

Beide Systeme haben ihre Daseinsberechtigung; troß aller Versuche, eines zugunsten des andern zu verdrängen, muß man sich mit der Tatsache abfinden, daß keines der beiden Systeme allein alle Bedürfnisse befriedigt.

Vergleich der beiden Systeme.

In bezug auf die **Anschaffungskosten der Lehren** gilt folgendes:

Im Einheitsbohrungssystem braucht man für jeden Durchmesser einen Grenz= lehrdorn und entsprechend der Anzahl der verschiedenen Siße mehrere Grenz= rachenlehren; im Einheitswellensystem ist das Umgekehrte der Fall. Nimmt man an, daß vier verschiedene Siße für eine Fabrikation genügen, was in den meisten Fällen zutrifft, so verhalten sich die Anschaffungskosten für die Ge= brauchslehren von 3—100 mm Durchmesser für Einheitsbohrung bzw. Ein= heitswelle etwa wie 2 : 3.

Betrachtet man aber den **Lehrenverbrauch,** so ist folgendes zu beachten: Die Rachenlehren lassen sich durch Richten und Nacharbeiten nach dem Verschleiß jeweils für den gleichen Siß wieder herrichten. Bei den Lehrdornen, um welche es sich beim Einheitswellensystem in überwiegendem Maße han= delt, ist dies nicht möglich; auch ein Nachschleifen auf einen kleineren Siß ist so gut wie ausgeschlossen, da die Maßunterschiede zu fein sind, als daß nach einem neuen Zentrieren auf der Schleifmaschine der geringe Nachschliff möglich wäre. Ein entscheidender Vorteil kann aber aus diesem Umstand für keines der beiden Systeme hergeleitet werden, denn da in beiden Systemen gleich viele Löcher und gleich viele Bolzen zu lehren sind, so wird die Gesamtabnußung der Lehrdorne wie der Rachenlehren in beiden Fällen dieselbe sein, und es werden in einer be= stimmten Zeit gleich viele Lehrdorne auszuscheiden bzw. auf den nächsten Nenndurchmesser nachzuschleifen sein.

Es geht daraus hervor, daß allein der Unterschied in den Beschaf= fungs= und Unterhaltungskosten der Lehren nicht für die

Wahl des einen oder des anderen Systems ausschlaggebend sein kann.

Viel wichtiger ist der Mehraufwand an **Reibahlen** beim Einheits= wellensystem, da man hier für jeden Sitz eine besondere Reib= ahle gebraucht. Dies fällt besonders in die Wagschale, wenn man, um der kurzen Gebrauchsfähigkeit der festen Reibahlen zu begegnen, die viel teureren verstellbaren Reibahlen benutzt, die bei der Einheitswelle genau wie feste Reib= ahlen für sämtliche Sitze vorrätig gehalten werden müssen, da ein jedesmaliges Verstellen unvorteilhaft und ungenau wäre. Freilich bedeutet das noch nicht, daß man z. B. bei drei Sitzen nun dreimal soviel Reibahlen braucht. Bei sorg= fältiger Arbeit verwendet man vor der Fertigreibahle eine Vorreibahle, wo= durch sich beim Einheitsbohrungssystem die Zahl der Reibahlen verdoppelt, während im Einheitswellensystem eine Vorreibahle leicht für zwei oder drei aufeinanderfolgende Sitze verwendet werden kann. Bedenkt man außerdem, daß infolge des häufigen Gebrauches einzelner Reibahlen im Einheitsbohrungs= system in großen Betrieben mehr Reservereibahlen gehalten werden müssen, so wird bei diesen der Unterschied zwischen den Kosten in beiden Systemen verhältnismäßig klein. Bei einer reinen Massenfabrikation, wo man sich auf wenige ganz bestimmte Lochdurchmesser einrichten kann, verschwindet er überhaupt, weil doch im ganzen in beiden Systemen gleichviel Löcher gerieben werden, also auch gleichviel Reibahlen im Ge= brauch sind. Teilweise wird zugunsten des Einheitswellensystems ins Feld geführt, daß die Laufsitzreibahlen nach ihrer Abnutzung auf Festsitzreibahlen nachgewetzt werden können; indes ist dies teuer und nicht verläßlich. Kein Zweifel kann darüber bestehen, daß im Einheitswellensystem bei den vielen Reibahlen, die sich nur um Hundertstel von Millimetern unterscheiden, mehr Verwechslungsmöglichkeiten in der Werkstatt bestehen und damit die Aus= schußgefahr wächst, was um so schmerzlicher ist, als die Löcher vielfach in teueren Gußstücken sitzen. Dieser Nachteil dürfte den Vorteil des Einheits= wellensystems wieder aufheben, der darin liegt, daß hier die Laufsitzbohrungen größere Toleranzen haben als bei der Einheitsbohrung, und demzufolge für diese Laufsitzbohrungen die Ausschußgefahr geringer wird.

Die Rücksichtnahme auf die Kosten der Reibahlen wird natürlich belang= los, wenn die Bohrungen, wie es in manchen Werken geschieht, geschliffen werden. Bei Verwendung von gehärteten Büchsen ist dies ja ohnehin der Fall.

Werke, welche nicht eine ausgesprochene Massenfabrikation betreiben, hätten außerdem zu beachten, daß bei Wahl der Einheitswelle **Aufspann= dorne** für Dreh= und Bohrbänke, Fräs= und Schleifmaschinen usw., eben=

27

so Aufnahmezapfen an Montagewerkzeugen und Einrichtungen mehreren Sitzen entsprechend zu halten sind, während bei der Einheitsbohrung jeder Durchmesser nur einmal vorkommt. Dieser Nachteil könnte zwar in seiner Bedeutung dadurch herabgemindert werden, daß man an Stelle der gewöhnlichen Dorne nachstellbare verwendet; doch sind diese bedeutend teurer, weshalb man meist davon absehen wird. Auch müssen diese nachstellbaren Dorne jedesmal besonders festgestellt werden, was eine Verzögerung bei der Arbeit bedeutet.

Die Frage der Aufspanndorne kann unter Umständen ausschlaggebend werden, und zwar in den Werken, in welchen viele Zahnräder gebraucht werden, die bald laufend, bald schiebend, bald fest auf ihren Wellen sitzen müssen. Dies gilt insbesondere für den Bau von Werkzeugmaschinen mit Räderkästen, Vorschubgetrieben usw., weshalb man hier mit Vorliebe die Einheitsbohrung wählen wird.

Vergleich in bezug auf Bearbeitungskosten.

Einen gewissen Vorteil bringt das Einheitswellensystem in bezug auf die **Bearbeitungskosten.** Es gestattet, wie dies in den nachstehend angeführten Beispielen zutage tritt, verschiedene Sitze auf eine Welle zu bringen, ohne diese abzusetzen, da die Passungsunterschiede ja in die Bohrungen verlegt sind. Solche Wellen und Bolzen sind aber ganz wesentlich billiger herzustellen als abgesetzte.

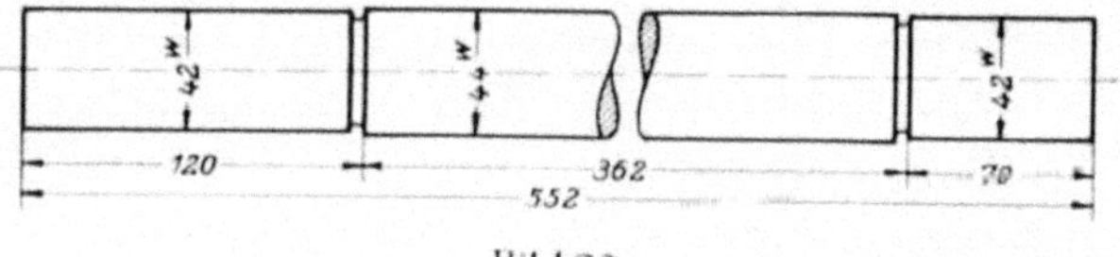

Bild 20.

Welle im Einheitswellensystem.

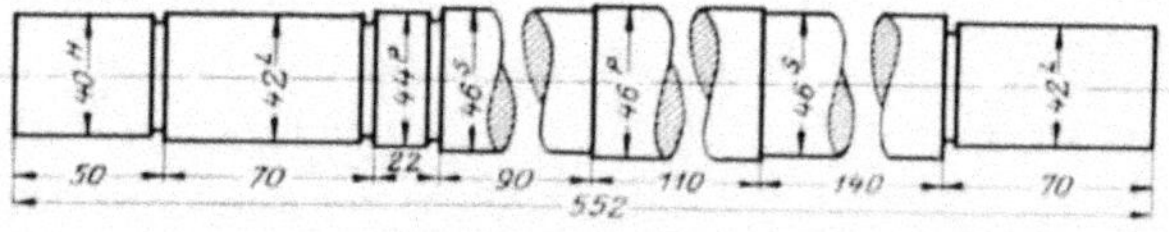

Bild 21.

Welle im Einheitsbohrungssystem.

Bild 20 und 21 zeigen zwei dem gleichen Zweck dienende Wellen, von denen die nach Einheitswelle in Bild 20 dargestellte um etwa ein Viertel weniger Bearbeitungskosten erfordert als die nach Einheitsbohrung abgestufte. Die größten Vorteile bringt das Einheitswellensystem da, wo die Benutzung

gezogener Wellen möglich ist. Solche Wellen gibt es für Paßzwecke in zwei Gezogene Wellen.
Genauigkeiten, und zwar:

1. entsprechend der Einheitswelle, Schlichtpassung (sW.),
2. entsprechend der Einheitswelle, Grobpassung (gW.).

Auf solchen Wellen sitzen neben losen Naben häufig feste Naben, die durch Keil oder Stift befestigt sind und auf deren genaues, zentrisches Laufen es nicht ankommt. Gezogene Wellen können aber auch Ruhesitze nach Feinpassung aufnehmen, wenn diese sich am Ende der Wellen befinden und auf einem gedrehten oder geschliffenen Absatz sitzen. So macht man sich neben der einfachen Konstruktion die Möglichkeit zunutze, für die Bewegungssitze Laufsitzbohrungen der Schlichtpassung anzubringen; besonders ist dies z. B. im landwirtschaftlichen Maschinenbau, im Textilmaschinenbau, im Transmissionsbau und auf weiten Gebieten des Apparatebaues der Fall.

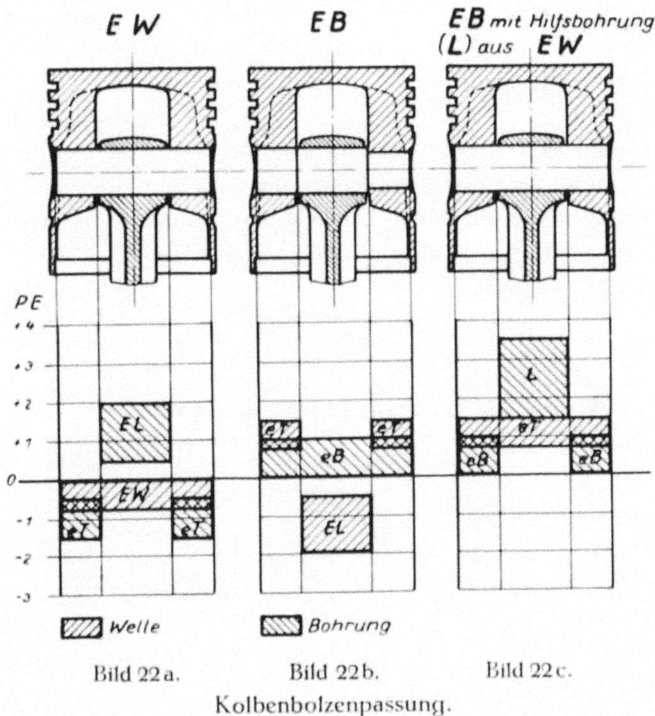

Bild 22a.   Bild 22b.   Bild 22c.

Kolbenbolzenpassung.

Auch bei durchweg bearbeiteten Wellen ist das Einheitswellensystem im Vorteil, weil es gestattet, mit weniger Wellenabsätzen auszukommen. Einzelne Beispiele aus beiden Systemen bringen die Bilder 22—27, und zwar stellt

Bild 22a einen Kolbenbolzen nach dem Einheitswellensystem, Bild 22b den=
selben Bolzen für das System Einheitsbohrung dar. Bei ersterem kann der
Bolzen glatt ausgeführt, bei letzterem muß ein Schleifabsatz und ein Absatz auf den
nächst kleineren Normaldurchmesser vorgesehen werden. Soll beim Einheits=
bohrungssystem der Bolzen ebenfalls glatt sein, so muß, wie Bild 22c zeigt,
eine Hilfsbohrung (L) aus dem Einheitswellensystem hinzugenommen werden.

Abbildung 23 bringt ein Konstruktionsbeispiel, das besonders deutlich
die einfache Konstruktion bei Anwendung der Einheitswelle zeigt.

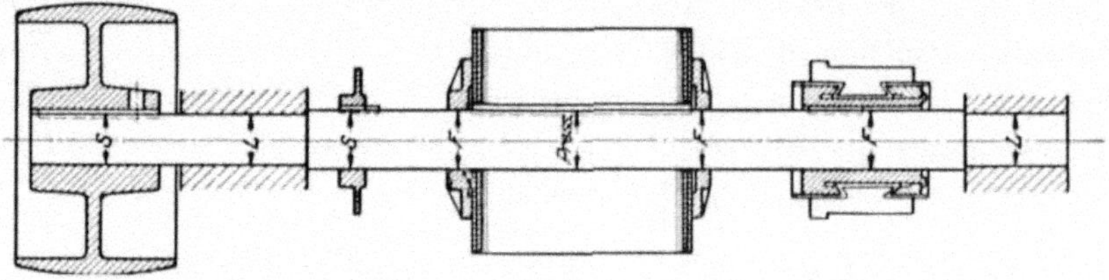

Bild 23.
Elektromotorenwelle nach Einheitswelle.

Es ist hier eine Elektromotorenwelle dargestellt, bei der für acht
Sitze nur zwei Rachenlehren erforderlich sind, was beim Schleifen eine große
Vereinfachung und Verbilligung bedeutet. Es ist dies ein Beispiel aus der
Massenfabrikation, wo es sich um solche Mengen handelt, daß die Führung

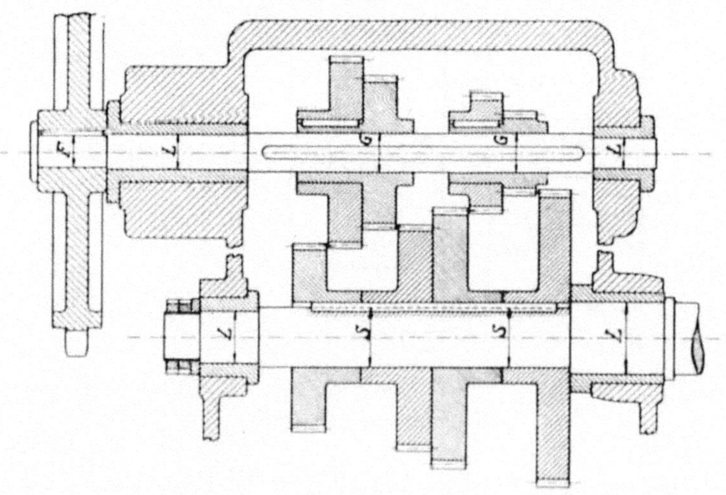

Bild 24.
Räderkasten nach Einheitsbohrung.

mehrerer verschiedener Reibahlen für denselben Durchmesser keine Ver=
teuerung bedeutet; denn es wird an so vielen Stellen gleichzeitig gerieben, daß
auch mit gleichen Reibahlen nach der Einheitsbohrung gleichzeitig eine ganze
Reihe davon in der Werkstatt wäre.

Umgekehrt zeigt Bild 24 einen nach Einheitsbohrung ausgeführten
Vorschubräderkasten einer Drehbank.

Hier würden auch beim Arbeiten nach dem Einheitswellensystem Ab=
stufungen notwendig sein, und zwar bei der unteren Welle schon mit Rück=
sicht auf das beim Zusammenbau erforderliche Durchschieben des Keiles durch
die benachbarte Bohrung.

Im allgemeinen ist jedoch die Konstruktionsfreiheit beim Ein=
heitswellensystem größer, da bei diesem Wellen, auf denen Boh=
rungen mit verschiedenen Sitzen aufgebracht sind, glatt oder abgesetzt
sein können, während sie im Einheitsbohrungssystem stets ab=
gesetzt sein müssen.

Auch auf die Materialersparnis kann die Wahl des Passungssystems von
Einfluß sein. Zum Beispiel leiten Kraftwellen meist an einem Ende die Kraft
ein oder aus und der Querschnitt bestimmt sich nach der auf die Kupplung
oder das Antriebszahnrad zu übertragenden Kraft. Es genügt vollkommen,
solche Wellen gemäß Abbildung 25 mit dem Durchmesser für das Antriebs=

Material=
ersparnis.

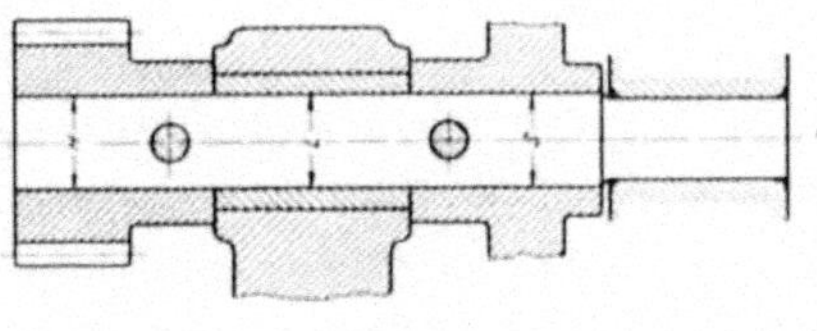

Bild 25.

element glatt durchzuführen. Im Einheitsbohrungssystem wäre hier ein Milli=
meterabsatz nötig, der stärkere Lagerschalen und schwerere Lagerkörper ver=
ursachen würde. Wenn umgekehrt der Laufsitz außen, der Ruhesitz innen sitzt,
so konstruiert man nach Einheitsbohrung sparsamer, weil nach Abbildung 26
nicht ein Millimeterabsatz, sondern nur ein Schleifabsatz nötig ist.

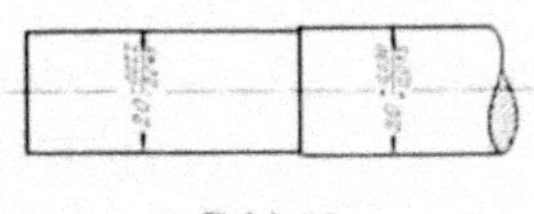

Bild 26.

Zusammen-
bau.

Ein weiterer bei der Wahl des Passungssystems in Betracht kommender Gesichtspunkt ist der Zusammenbau. Ein Fall, bei dem hierauf Rücksicht genommen werden muß, ist in Abbildung 27 dargestellt. Eine vor dem Ruhesitz liegende dünnere Paßstelle dient hierbei (z. B. beim Aufbringen eines festsitzenden Zahnrades) als ausgezeichnete Führung und erleichtert daher das Aufbringen ungemein. Außerdem bleibt das Verstoßen am Ansatz und das damit verbundene wiederholte Auf- und Abnehmen vermieden. Bild 27 zeigt, daß der Zusammenbau andererseits bestimmte Absätze verlangt, ohne daß auf das Passungssystem Rücksicht genommen werden kann.

Spätere
Instand-
setzung.

Aber nicht nur an den einmaligen Zusammenbau, sondern auch an ein späteres Auseinandernehmen bei irgendeiner Beschädigung muß gedacht werden. Der Grund eines Auseinandernehmens ist häufig das Fressen einer Lagerstelle. Wo dies bei starker Beanspruchung zu erwarten ist, muß also wie bei Abbildung 27 ein Ansatz sein, damit die durch Fressen beschädigte Stelle

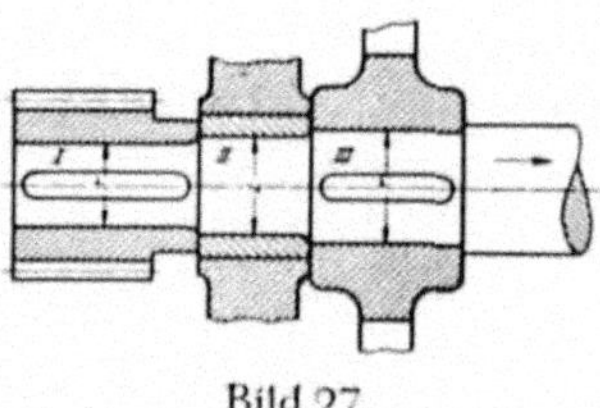

Bild 27.

die Ruhesitzbohrung III nicht beschädigt. Ebenso muß die auf der anderen Seite befindliche Ruhesitzstelle I abgesetzt sein, weil sonst die Wellenpaßstelle nicht durch die beschädigte Lagerstelle II hindurchgeht. Diese Lagerstelle muß nun nachgedreht werden, was ein weiterer zwingender Grund dafür ist, die Paßstelle I gegenüber der Paßstelle II abzusetzen.

Diese Gesichtspunkte kommen natürlich nur an besonderen, durch hohe Umdrehungszahlen gefährdeten Stellen in Frage, doch bilden sie da einen Grund zur Einheitsbohrung, weil die Einheitswelle hier keine Vorteile bringt.

Ent-
scheidende
Gesichts-
punkte.

Zusammenfassend kann gesagt werden, daß die angestellten Überlegungen in den einzelnen Werken zu recht verschiedenen Ergebnissen führen werden. Es gibt nur wenige Fabrikationszweige, bei denen ein bestimmtes System unbedingt notwendig ist: das ist für die Einheitswelle (glatte Welle) der Transmissionsbau.

Für die Einheitsbohrung ist es z. B. der Preßluftrohrschieberhammer, bei dem der Schlagkolben durch Schieber und Zylinder gleitet und sich in beiden führen muß, wobei ein längerer Kolben eines längeren Hammers mit größerem Spiel arbeiten muß als ein kurzer Kolben, während die Rohrschieber bei allen Hammergrößen durcheinanderpassen müssen.

Sieht man von solchen besonderen Fällen ab, so ist es nicht verwunderlich, daß, wie statistisch nachgewiesen wird, in sämtlichen anderen Fabrikations= zweigen bald das eine, bald das andere System angetroffen wird.

Die unterschiedlichen Vorbedingungen liegen in der Eigenart des betreffen= den Werkes. Wo in derselben Abteilung und auf denselben Maschinen in buntem Wechsel die verschiedensten Teile hergestellt werden, spielt die Werk= zeugbeschaffung und Vereinfachung in der Werkstatt eine solche Rolle zu= gunsten des Einheitsbohrungssystems, daß dieses im allgemeinen bevorzugt wird. Selbst dann, wenn in einem solchen Betrieb die Konstruktion in Einzel= fällen zur glatten Welle zwingt, bleibt man bei der übrigen Fabrikation beim Einheitsbohrungssystem und macht in den betreffenden Fällen eine Ausnahme. Ein Werk, das auf reine Massenfertigung zugeschnitten ist und dementsprechend für jeden Gegenstand und jede Operation besondere Vorrichtungen und Werk= zeuge hat, sollte die Einheitswelle wählen. Unter Umständen sind die sich hier= bei ergebenden Vorteile sehr groß, weil es bei der Massenfabrikation einen bedeutenden Unterschied ausmacht, wenn an einer Maschine einige Wellen= absätze beim Drehen und Schleifen gespart werden.

Jedenfalls ist das Einheitswellensystem nur dann vorzuziehen, wenn seine Durchführung in der Konstruktion zu einer größeren Anzahl von glatten Wellen führt.

Wesentlich ist auch die Gewöhnung des Werkstattpersonals. Wo eine scharfe Kontrolle und eine sehr sorgfältig arbeitende Werkzeugmacherei besteht, ist die größere Zahl von Reibahlen beim Einheitswellensystem weniger bedenklich als da, wo diese Voraussetzungen nicht zutreffen.

Die aufgeführten Gesichtspunkte weisen zum Teil in ganz verschiedene Richtungen. Um aber für die Wahl des einen oder anderen Systems gewisse Richtlinien zu geben, und wenigstens innerhalb einiger Industriezweige eine Einigung herbeizuführen, hat der Normenausschuß eingehende Unter= suchungen hierüber angestellt. Er kam dabei zu folgendem Ergebnis:

Einheitsbohrung ist zu empfehlen, sobald drei, vier oder noch mehr verschiedene Sitze gebraucht werden und die Wellen unter allen Um= ständen abgesetzt werden. Für Einführung der Einheitsbohrung haben sich entschlossen die Hersteller von:

Werkzeugmaschinen,

Lokomotiven,

Eisenbahnwagen,

Automobilen,

Preßluftwerkzeugen und

Großmaschinen.

Einheitswelle ist zu empfehlen, sobald gezogene Wellen mit den Abmaßen der Schlicht= und Grobpassung verwendet werden können, die nicht weiter bearbeitet und nicht abgesetzt zu werden brauchen. Für das System der Ein= heitswelle haben sich entschlossen:

der Transmissionsbau,

Textilmaschinenbau,

Kellereimaschinenbau,

landwirtschaftliche Maschinenbau,

Hebezeugbau

und solche Firmen, für welche die gröberen Passungen genügen, und die mit wenigen Sitzen auskommen.

Grundsätzlich hängt die Wahl des einen oder anderen Passungssystems allein von seiner Wirkung auf die Gestehungskosten der Erzeugnisse ab, also von den vorhandenen Einrichtungen oder von der für die in Betracht kommen= den Stückzahlen vorteilhaftesten Herstellungsart. **Nicht die Anschaffungs= kosten der Lehren und Werkzeuge, sondern die Beeinflussung der Löhne ist maßgebend.**

9. Die genormten Passungen.

Die Abmaße für die verschiedenen Sitze verlaufen alle nach einer bestimmten Gesetzmäßigkeit:

$$\text{Abmaß} = \text{const.}\ \sqrt[3]{D}$$

Lediglich die Abmaße für den Preßsitz bilden eine Ausnahme; sie steigen bei wachsendem Durchmesser stärker an als die übrigen, da sonst bei den großen Durchmessern nicht die nötige Pressung erzielt wird.

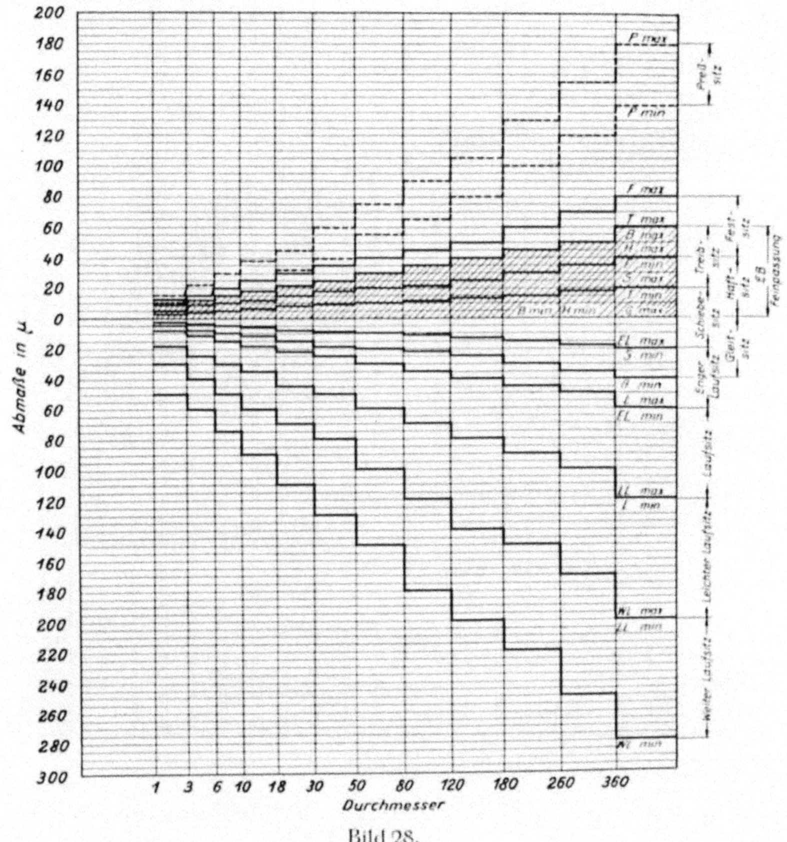

Bild 28.

Schaulinien für die Abmaße der Feinpassungssitze.

In Bild 28 sind für die Feinpassung des Einheitsbohrungssystems zu den einzelnen Durchmessern die Abmaße für sämtliche Sitze in Millimetern einge=

Einheitsbohrung.

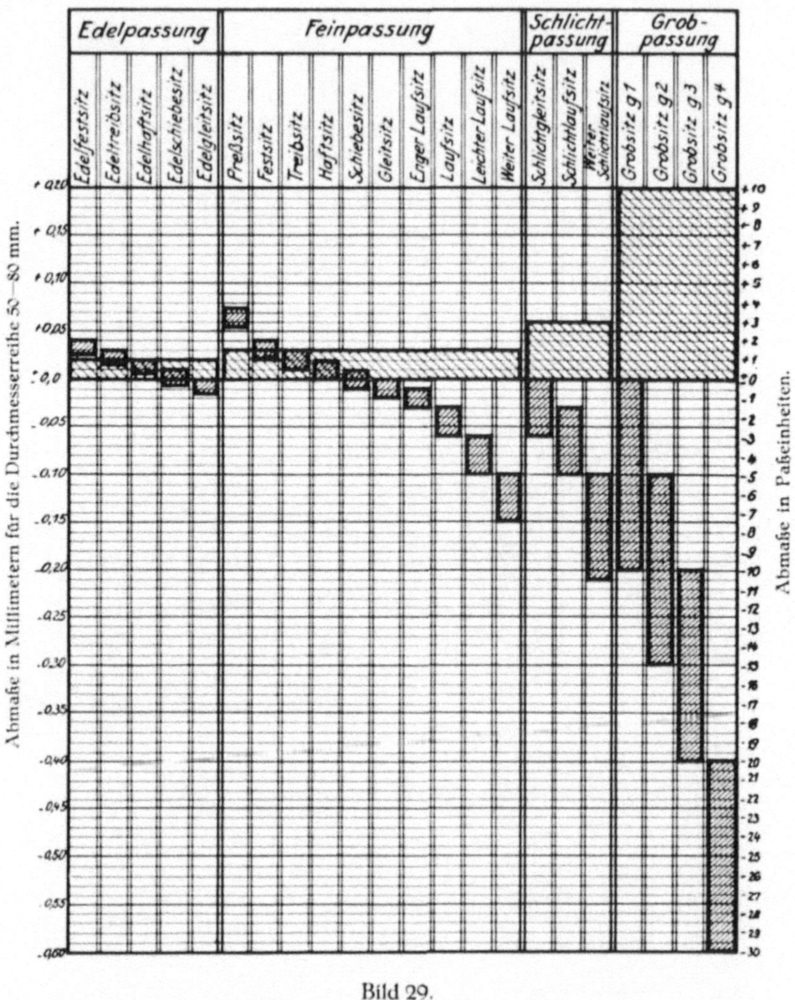

Bild 29.

Gegenseitige Lage der Abmaße bei den verschiedenen
Gütegraden des Einheitsbohrungssystems.

Anmerkung: Die Abmaße des Preßsitzes entsprechen nur der Millimeterskala, nicht der
Paßeinheitsskala, da sie wegen ihrer besonderen Bedingungen nicht dem Grundgesetz der
Paßeinheit folgen.

Einheitswelle.

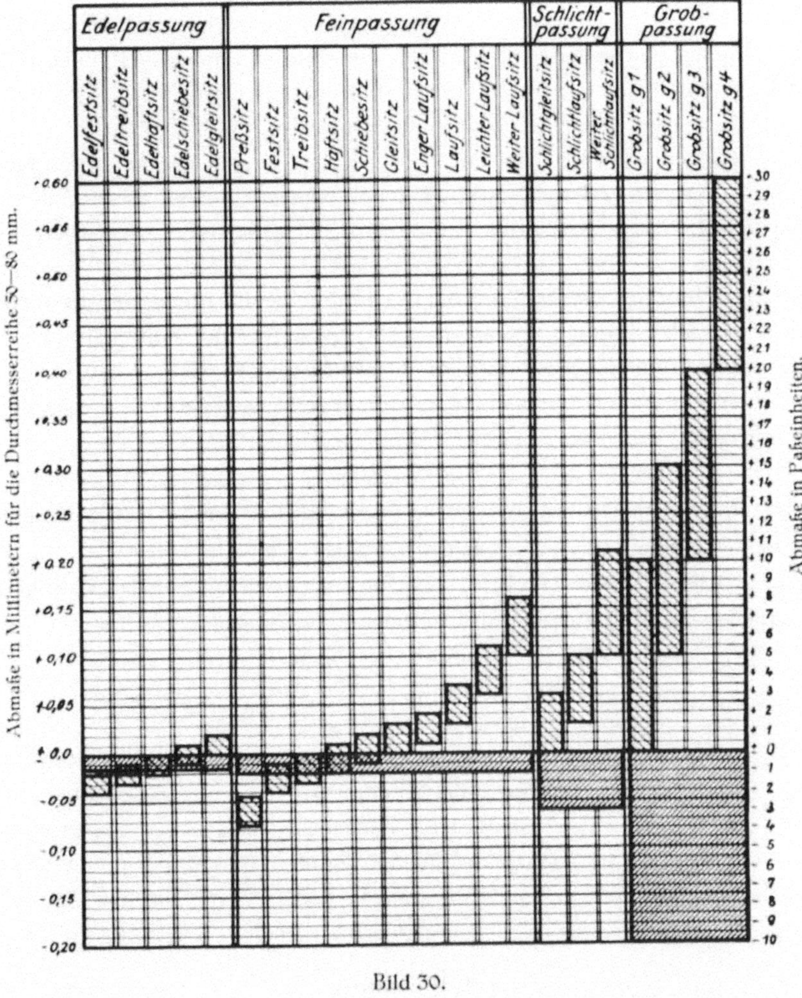

Bild 30.

Gegenseitige Lage der Abmaße bei den verschiedenen Gütegraden des Einheitswellensystems.

Anmerkung: Die Abmaße des Preßsitzes entsprechen nur der Millimeterskala, nicht der Paßeinheitsskala, da sie wegen ihrer besonderen Bedingungen nicht dem Grundgesetz der Paßeinheit folgen.

tragen. Einen besseren Überblick über die Lage der einzelnen Sitze und die Verhältnisse der einzelnen Gütegrade geben die Bilder 29 und 30.

(Hier ist aus dem Bild 29 nur eine Durchmesserreihe herausgegriffen; es sind als Beispiel für die Durchmesserreihe von 50—80 mm die Abmaße für die einzelnen Sitze nebeneinander über einer gemeinsamen Null=Linie auf= getragen, welche das Nennmaß darstellt.)

Bild 29 gilt für das System der Einheitsbohrung.

Für die Einheitswelle ergibt sich das ganz ähnliche Bild 30, nur liegen hier die bisher obenliegenden Abmaße unten und umgekehrt, denn was dort durch Kleinermachen der Welle erreicht wurde, wird jetzt durch Größermachen der Bohrung erzielt.

Demnach bildet die Nullinie bei der Einheitswelle die obere Begren= zungslinie aller Wellentoleranzen, während sie bei der Einheitsbohrung die untere Begrenzungslinie aller Bohrungstoleranzen ist. Diese Maß= nahme ermöglicht die auf Seite 24 erwähnte Austauschbarkeit zwischen den verschiedenen Gütegraden.

Paßeinheit.

Da nun die Abmaße für sämtliche Sitze nach einer bestimmten Gesetzmäßigkeit mit dem Durchmesser wachsen, nämlich stets das Vielfache von $0,005 \times \sqrt[3]{D}$ sind, so hat man diesen Ausdruck als Einheit gewählt und mit **Paßeinheit** bezeichnet. Eine PE bedeutet also bei einem theoretischen Durchmesser von

$$8 \text{ mm} = 0,01 \text{ mm}$$
$$64 \text{ „} = 0,02 \text{ „}$$
$$216 \text{ „} = 0,03 \text{ „}$$

Man kann mit dem Ausdruck „Paßeinheit" alle gesetzmäßigen Abmaße und Toleranzen aufs einfachste bezeichnen. Man sagt z. B. (im Anschluß an Bild 29), die Bohrung der Feinpassung habe eine Toleranz von 1,5 PE (ent= spricht dem in Bild 28 schraffierten Raum), die der Schlichtpassung von 3 PE, oder das kleinste Spiel des Schlichtlaufsitzes betrage 1,5 PE, und man hat da= mit schon die Größen für alle Durchmesser bezeichnet.

Edelpassung.

Ursprünglich wurde in Deutschland die sogenannte Feinpassung aus den am meisten verbreiteten Passungssystemen gebildet. Später kamen als gröbere Gütegrade die Schlicht= und Grobpassung sowie als feinerer Gütegrad die Edelpassung hinzu. Es soll hier mit der letzteren als dem feinsten Gütegrade begonnen werden. Die einzelnen Sitze werden im folgenden mit ihrer Kenn= zeichnung und ihrem Anwendungsgebiet aufgeführt.

Die **Bohrungstoleranzen** betragen gegenüber der Feinpassung nur 1 PE. Dies bedingt eine außerordentlich sorgfältige Herstellung des Loches, für das in diesem Fall ein Nachreiben oder Schleifen nötig wird.

Die **Wellentoleranzen** waren bisher bei der Edelpassung und Feinpassung für die entsprechenden Sitze gleich, weil man eine feinere Toleranz als 1 PE nicht verantworten zu können glaubte. Die Fortschritte der Schleiftechnik haben jedoch neuerdings (Frühjahr 1927) den NDI veranlaßt, der Edelpassung besonders feine Wellentoleranzen, auf die sie ja eigentlich von vornherein Anspruch hatte, und zwar von $^3/_4$ PE, zu geben. Die Verkleinerung der Toleranz von 1 auf $^3/_4$ PE ist unter Beibehaltung des bisherigen Größtübermaßes bzw. Kleinstspiels durchgeführt worden, indem man die Wellenkleinstmaße um $^1/_4$ PE vergrößerte.

Die Zahlentafeln für die Edelpassung befinden sich auf Seite 57 und 61 (vgl. auch die Anwendung der Edelpassung beim Kugellagereinbau Seite 45).

Die Edelpassung kommt für solche Sitze in Frage, wo in besonderen Fällen die bei der Feinpassung in den Grenzfällen praktisch zustande kommenden Passungen zu verschieden sind, das heißt dann, wenn eine größte Welle mit einer kleinsten Bohrung oder umgekehrt zusammentrifft.

Zu den Sitzen der Edelpassung, Edelfestsitz, Edeltreibsitz, Edelhaftsitz, Edel= schiebesitz und Edelgleitsitz ist folgendes zu sagen:

Der **Edelfestsitz** gewährleistet unbedingtes Festsitzen, da auch im äußersten Fall kein Spiel auftreten kann; er kann also als leichter Preßsitz verwendet werden.

Der **Edeltreibsitz** gibt praktisch auch stets einen festen Sitz, da die Über= lappung des Wellentoleranzgebietes mit dem der Bohrung nur $^1/_4$ PE beträgt.

Beim **Edelhaftsitz** spielt die eH=Welle eine wichtige Rolle für die Kugellager= passung; da die Kugellagertoleranz zum Nennmaß negativ liegt, so gibt die eH=Welle einen einwandfreien Festsitz mit dem Kugellagerinnenring, genau wie die eF=Welle in der eB=Bohrung (s. a. S. 45).

Die **Edelschiebesitzwelle** spielt gleichfalls beim Kugellagereinbau eine Rolle, nämlich dann, wenn es nicht unbedingt nötig ist, einen so festen Sitz zu erzielen. Manche Kugellagerfabriken ziehen diesen Sitz vor, weil sie ein geringeres Spiel zwischen Kugeln und Laufringen haben, das durch das Aufpressen des Innenringes verkleinert wird (s. a. S. 45).

Der **Edelgleitsitz** ist etwa die Passung der normalen Lehrringe auf den normalen Lehrdorn.

Ein wichtiges Anwendungsbeispiel der Edelpassung sind die Passungen des Kugelbolzens bei Automobilmotoren.

Feinpassung.

Fein-
passung.

Die Feinpassung ist die gebräuchlichste Passung und wird überall da an=
gewendet, wo der Präzisionsmaschinenbau gepflegt wird. Das Anwendungs=
gebiet der einzelnen Sitze der Feinpassung ist nachstehend näher beschrieben:

a) Der **Preßsitz** wird für Paßteile verwendet, die nur mit großem Kraft=
aufwand zusammengefügt oder auseinandergenommen werden sollen,
so daß eine Sicherung gegen Verdrehen nicht erforderlich ist, z. B. für
festsitzende Bolzen ohne Sicherung, Lagerbüchsen in Gehäusen, in
Zahnrädern, in Schubstangen usw., feste Kupplungsflanschen auf Wellen,
Feldbahnräder auf Achsen, Sitzbuchsen in allen gußeisernen Ventilkör=
pern, Gewindebuchsen in der Ventilbrücke bei Stopfbuchsdeckeln, Spritz=
ringe, Bronzekränze auf gußeisernen Zahn= oder Schneckenrädern.

In vielen Fällen werden noch andere Preßsitze mit stärkeren Über=
maßen benötigt, wofür jedoch der Normenausschuß keine einheitlichen
Abmaße aufgestellt hat, da diese sich nach dem Werkstoff und der
Form der Werkstücke richten müssen. Dasselbe gilt vom S ch r u m p f =
s i tz, bei dem ebenfalls die Abmaße von Fall zu Fall festzulegen
sind. Gute Werte für ein mittleres Übermaß der Welle gibt die Formel
$\frac{1}{1000} \times D$.

b) Der **Festsitz** wird für Paßteile verwendet, die etwas strammer sitzen sollen
als beim Treibsitz, ohne daß das starke Übermaß des Preßsitzes er=
wünscht ist. Einige besondere Beispiele sind: Bohrbuchsen, Plan=
scheiben auf Arbeitsspindeln von Kopfbänken, Hauptantrieb zu Stroh=
pressen. Treibende oder getriebene Teile sind gegen Verdrehung zu
sichern, sofern kein Preßsitz angewendet werden kann, z. B. fliegend
angebrachte Zahnräder, Schneckenräder und Zahnräder, wenn sie im
Betriebe Stöße auszuhalten haben, Hubscheiben und Antriebsräder
von Wellen für Schüttelapparate, eingesetzte Zapfen in Walzen.

c) Der **Treibsitz** wird für Paßteile verwendet, die gegenseitig festsitzen
müssen und die mit einem gewissen Kraftaufwand, z. B. mit Hand=
hammer, zusammen= oder auseinandergetrieben werden können. Die
Teile sind gegen Verdrehen zu sichern. Der Treibsitz ist der in den
früheren Systemen als „Festsitz" bekannte Sitz. Wo sich dieser be=
währt hat, tritt daher im neuen System der Treibsitz an seine Stelle.
In Betracht kommt er für Teile, die möglichst eng sitzen, aber gerade
noch mit von Hand benutzten Mitteln abgenommen werden sollen,

z. B. für Zahnräder in Spindelkästen von Werkzeugmaschinen, Schwung=
rad auf der Kurbelwelle eines Kompressors, Winkelhebel, Kollektor=
nabe auf Elektromotorwelle.

d) Der **Haftsitz** wird für Paßteile verwendet, die gegenseitig festsitzen sollen,
aber ohne erheblichen Kraftaufwand, also von Hand mit Handhammer oder
Handdornpresse, zusammengefügt oder auseinandergenommen werden
können. Die Teile sind gegen Verdrehung oder Verschiebung besonders
zu sichern, da in Grenzfällen Spiel auftreten kann. In Betracht kommt
dieser Sitz für Teile des Werkzeugmaschinenbaus, die durch Keil fest=
gezogen und nur selten abgekeilt werden, für Zahnräder auf Arbeits=
spindeln, Kuppelscheiben, Handräder, Handhebel, Regulatorantriebs=
räder und Exzenterkörper auf Steuerwellen von Kolbenmaschinen,
Schwungräder, festaufzukeilende Schwingen, Turbinenlaufräder, Brems=
scheiben, Kurbeln für kleine Kräfte, Stopfbuchsenfutter, Grundbuchsen,
alle treibenden und getriebenen Teile, wenn sie auf einem Wellenende oder
Ansatz sitzen und ein festerer Sitz nicht erforderlich ist, schließlich für ver=
keilte Mahlscheiben und Kupplungsflanschen bei Schrotmühlen, Buchsen
zur Vorgelege= und Kurbelwelle im Hautkörper bei Mähmaschinen.

e) Der **Schiebesitz** wird für Paßteile verwendet, die sich von Hand oder
mit leichten Holzhammerschlägen zusammenfügen oder auseinander=
nehmen lassen. Er kommt nicht in Betracht für Teile, die sich betriebs=
mäßig verschieben. Er wird an Stelle des Treib= und Haftsitzes gewählt
für solche Teile, die oft auseinandergenommen werden müssen und
durch Keile oder Verbohren gegen Verdrehung gesichert sind, z. B. oft
auszubauende Lagerbuchsen, Zahnräder; ferner für genaue Zentrie=
rungen, Befestigung des zylindrischen Kolbenstangenansatzes im Kreuz=
kopf, Gabelzapfen, Exzenter auf Welle, Werkzeugzapfen im Revolver=
kopf, Riemenscheiben bis 40 mm Bohrungsdurchmesser, Ventilator=
naben, Ankerpreßring, Ankerbleche, Tachometerhalter und Gehäuse=
verbindung bei Turbinen, Kolbenstangeneinpaß bei Dampfmaschinen,
Sichtrad und Einlaufrad auf Schrotmühlenwellen.

f) Der **Gleitsitz** wird für Paßteile verwendet, die sich gegenseitig betriebs=
mäßig eben noch verschieben lassen, z. B. für Klauenkupplungen, Kugel=
lageraußenringe in Gehäusen. Ferner kommt er in Betracht für Teile,
die häufig von Hand, also ohne Zuhilfenahme eines Hammers, aus=
einandergenommen oder zusammengesteckt werden, jedoch kein Spiel
aufweisen sollen, z. B. für Wechselräder, Fräser auf Dorn, auswechsel=

bare Bohrbuchsen, ungeteilte Schwungräder ohne Antrieb, Messer und Stempel für Blechscheren, Dreibackenfutter auf Bund an Drehbankspindel, Pinolen im Reitstock, Indexzapfen von Teilköpfen in Teilscheiben, Gegenspitzenarme bei Fräsmaschinen, Säulenführung der Radialbohrmaschinen, genaue Zentrierflanschen, aufzukeilende, ungeteilte Scheiben= und Reibungskupplungen auf Wellen, Dreschtrommelnaben, Gebläsekreuze.

g) Der **enge Laufsitz** wird für Paßteile verwendet, die sich gegenseitig ohne merkliches Spiel leicht bewegen lassen. Er kommt besonders in Betracht für den Werkzeugmaschinenbau und den Apparatebau, z. B. für Spindellager in Schleifmaschinen, Hauptlager von Genauigkeitsdrehbänken, Teilkopfspindeln, Ziehkeillager, Schubzahnräder in Räderkästen, Indexstifte an Teilköpfen in Führungsbuchsen; ferner für Kolbenbolzen in Schubstangen, Ventile in Luftzylindern, Kolben in Druckreglern, Indikatorkolben, Regulier= und Steuerkolben, stopfbuchsenlose Ventilspindeln an Dampfmaschinensteuerungen.

h) Der **Laufsitz** wird für Paßteile verwendet, die sich gegenseitig mit merklichem Spiel bewegen sollen. Er wird für gewöhnliche, genaue Lagerungen des Maschinenbaues angewendet, z. B. für Hauptlager an Drehbänken, Fräs= und Bohrmaschinen, Kurbelwellen, Nockenwellen für sämtliche Lagerungen an Regulatoren, Lager in Schneckenkästen, Kreuzkopfzapfenlager, Exzenterbügel, Gleitlager zu Dreschmaschinen, Schaltwellenlagerung und Typenhebellagerachse bei Schreibmaschinen.

i) Der **leichte Laufsitz** wird für Paßteile verwendet, die sich gegenseitig mit reichlichem Spiel bewegen sollen. Er kommt besonders in Betracht für mehrfach gelagerte Wellen; ferner bei Maschinenlagern, Losscheiben, schnellaufenden Wellen, Zentrifugalpumpen, schnellaufenden Elektromotoren sowie bei Gestängen und Hebelwerken.

k) Der **weite Laufsitz** wird für Paßteile verwendet, die ein ausnehmend großes Spiel haben sollen, z. B. für Deckenvorgelegewellen, genaue Transmissionen, sehr schnellaufende Maschinen, sowie in Sonderfällen, bei denen ein sehr weites Spiel mit großer Genauigkeit eingehalten werden soll, z. B. bei Lagerschalen von Turbogeneratoren.

Wie die Abmaße der Sitze a bis k zueinander liegen, ist aus Bild 29 und 30 ersichtlich. Die Zahlentafeln für das Einheitsbohrungssystem befinden sich auf Seite 58, die für das Einheitswellensystem auf Seite 62. Da es ferner Fälle geben kann, in denen Laufsitze mit noch größerem Spiel gebraucht werden, so wurden für die Aufstellung der zugehörigen Abmaße besondere Formeln festgelegt. Werden hierfür Grenzlehren gewünscht, so sind lediglich Angaben über die für bestimmte Durchmesser gewünschten mittleren Spiele einzusenden, worauf die Abmaße festgelegt werden.

Schlichtpassung.

Die Schlichtpassung kommt in Frage, wenn die Anforderung an die Gleich= mäßigkeit der Sitze nicht so groß ist wie bei Feinpassung, aber doch ein ge= wisser Charakter des Sitzes gewährleistet werden soll. Infolge der größeren Toleranzen ist der Unterschied zwischen dem bei einem bestimmten Sitz kleinst= möglichen und größtmöglichen Spiel bzw. Übermaß viel größer als bei der Feinpassung. Die Schlichtpassung ist daher für Sitzarten, die den empfindlichen Sitzen der Feinpassung entsprechen, nicht verwendbar. Sie enthält drei Sitze, deren Kennzeichnung im folgenden aufgeführt wird:

   a) Der **weite Schlichtlaufsitz** hat das doppelte mittlere Spiel des leichten Laufsitzes und umfaßt etwa das Gebiet des Laufsitzes, leichten Laufsitzes und einiger noch lockereren Laufsitze der Feinpassung. Er kommt in Betracht, wenn sich zwei Paßteile mit reichlichem Spiel ineinander drehen sollen.

   b) Der **Schlichtlaufsitz** umfaßt etwa das Gebiet des Laufsitzes und des leichten Laufsitzes der Feinpassung. Er kann unter Umständen nur ein kaum merkliches, aber auch ein reichliches Spiel aufweisen und kommt für gewöhnliche Lagerungen in Betracht, bei denen man auf geschliffene Wellen verzichtet. (Bei Einheitswelle ist es meist genügend, die Bohrung nach Schlichtlaufsitz auszuführen, auch wenn die Welle nach Feinpassung geschliffen ist.)

   c) Der **Schlichtgleitsitz** umfaßt das Gebiet des Gleitsitzes bis zum Laufsitz der Feinpassung. Er dient für Passungen, bei denen es nur darauf an= kommt, daß Bohrung und Welle zusammengesteckt werden können, ohne daß das größte Spiel zu groß wird, z. B. für verschiebbare Muffen.

Bemerkenswert ist dabei, daß ein f e s t e r S i t z in der Schlichtpassung n i c h t v o r h a n d e n ist. Wird ein Festsitz gebraucht, so ist für diejenigen Teile, die gegenseitig festsitzen sollen, Feinpassung anzuwenden.

Zahlentafeln für Schlichtpassung siehe Seite 59 und 63.

Bezüglich der Herstellung von Teilen mit den Toleranzen der Schlichtpassung sei hier eingeflochten, daß die Bohrungen gerieben werden müssen, wenn auch mit geringerer Sorgfalt als in der Feinpassung; insbesondere wird die Ver= wendung von Maschinenreibahlen erleichtert, mit denen nur schwer die To= leranzen der Feinpassung einzuhalten sind. Die Wellen brauchen nicht mehr unbedingt geschliffen zu werden, da die Toleranzen bei sorgfältigem Drehen ohne Mühe erreicht werden. Für glatte Wellen ist gezogenes Rundmaterial zu verwenden, das gemäß DIN 667 mit den Abmaßen der Einheitswelle Schlichtpassung geliefert wird.

Betrachtet man Bild 29 und 30, so sieht man, daß ein Schlichtpassungssitz immer mehrere Feinpassungssitze umfaßt, und daß die Abmaße der Schlichtpassungssitze bis auf das unterste beim „weiten Schlichtlaufsitz" bereits in der Feinpassung vorkommen. Bei größeren Durchmessern, wo Gutseite und Ausschußseite als einzelne Rachenlehren ausgebildet sind, kann man deshalb im Notfall die Feinpassungsrachenlehren zur Schlichtpassung verwenden. Jedoch ist dies mit Rücksicht auf Verwechslungen nicht zu empfehlen.

Endlich wurde für solche Fälle, wo für Wellen gewöhnliches Drehen auf der Dreh= oder Revolverbank oder auf einem Automaten, für Bohrungen statt des Reibens Aufbohren mit Senker oder Vierlippenbohrer oder Bohren mit in genauen Bohrbuchsen geführten Spiralbohrern den Anforderungen des Zu=sammenbaues genügt, die

Grobpassung

geschaffen. Die Toleranzen der Grobpassung betragen wiederum etwa das Dreifache der Schlichtpassung; sie enthält vier Sitze, die nachfolgend mit ihrer Kennzeichnung und ihrem Anwendungsgebiet aufgeführt sind:

    a) Der **Grobsitz g 1** wird für Paßteile verwendet, die sich leicht zusammen=stecken lassen und trotz großer Herstellungstoleranzen ein möglichst geringes Spiel haben sollen, z. B. für Distanzbuchsen im Maschinenbau, Teile, die zusammengesteckt und nachher verschweißt werden, Teile des Grob=maschinenbaues, die auf der Welle festgestiftet, festgeschraubt oder fest=geklemmt werden, Wellen in Naben, die aufgeklemmt werden, z. B. Hebel bei Schnellpressen, Wellennietzapfen und deren Bohrungen bei Schreib=maschinen.

    b) Der **Grobsitz g 2** wird bei Paßteilen mit großen Herstellungstoleranzen verwendet, deren Beweglichkeit durch ein gewisses Kleinstspiel unter allen Umständen gewahrt werden soll. Zur Anwendung kommt dieser Sitz besonders im Eisenbahnwagenbau, für Kellereimaschinen und für grobe Führungen und Lagerungen im Grobmaschinenbau.

    c) Der **Grobsitz g 3** wird bei Paßteilen mit großen Herstellungstoleranzen verwendet, die ein Kleinstspiel von 10 Paßeinheiten haben sollen, z. B. bei Lagern für landwirtschaftliche Maschinen auf unebenem Boden, Lagern hauswirtschaftlicher Maschinen, versplinteten Gabelbolzen am Bremsge=

stänge von Fahrzeugen, für Schnappstifte an Umschalthebeln, unterge=
ordnete Lagerungen bei Schreibmaschinen, Antriebswellen für Göpel.

d) Der **Grobsitz g 4** wird bei Paßteilen mit großen Herstellungstoleranzen
verwendet, die sehr locker sitzen und ein Kleinstspiel von 20 Paßein=
heiten haben sollen, z. B. für Lager auf Eisengestellen, die nicht mehr
genau fluchten, Lager, die im Freien der Witterung und der Verschmutzung
ausgesetzt sind und bei zu engem Spiel festrosten würden, Bolzen in
Federgehängen.

Als Wellen für die Grobpassung können gezogene Wellen
ohne weiteres verwendet werden, da sie nach DIN 668 mit den Grobpassungs=
toleranzen geliefert werden. Zahlentafeln für Grobpassung siehe Seite 60 u. 64.

Kugellagerpassungen.

Unter den Normteilen nehmen die Kugellager aus zwei Gründen eine be=
sondere Stellung in bezug auf Passungen ein: einmal, weil es sich hier um be=
sonders genaue Passungen handelt, und zum anderen, weil die Abmaße der
Kugellager international festgelegt wurden, ohne daß man auf das deutsche
Passungssystem Rücksicht nehmen konnte. Immerhin ist der Einfluß des letz=
teren unverkennbar, indem nämlich sowohl für die Außen= als auch für die
Innendurchmesser die Abmaße so festgelegt wurden, daß das Nennmaß das
Größtmaß ist. Die Toleranzen selbst sind – besonders in den kleineren Durch=
messern – kleiner als bei den normalen Paßteilen.

Für den äußerst heiklen Sitz des Kugellagerinnenringes auf der Welle ge=
nügten die bisherigen Wellentoleranzen der Edelpassung in der Regel nicht.
Die Toleranz der Welle 1 PE ließ zu große Schwankungen im Sitz zu, so
daß mitunter durch zu große Pressung ein Klemmen der Kugeln oder gar ein
Springen des Innenringes eintreten konnte. Man war daher gezwungen,

Kugellager=
passungen.

Innenring.

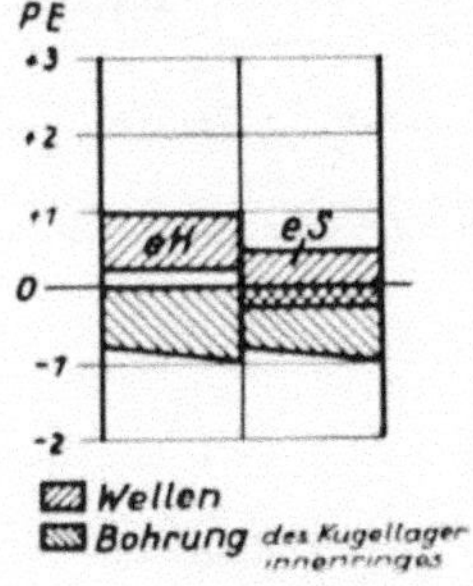

Bild 31.

Sitze des Kugellagerinnenringes auf der eH= bzw. eS=Welle.

besonders feine Toleranzen von zirka 0,75 PE anzuwenden. Da neuerdings die Wellentoleranzen der DIN=Edelpassung (vgl. Seite 38) auf 0,75 PE verfeinert worden sind, so kann man diese anwenden. Der Kugellagerinnenring soll in der Regel auf der Welle festsitzen. Die Welle darf also streng genommen nie kleiner als das Nennmaß werden, das heißt ihr Toleranzgebiet muß oberhalb der Nullinie liegen. Von der verfeinerten DIN=Edelpassung kommen, wie Abb. 31 zeigt, die Edelhaftsitzwelle und die Edelschiebesitzwelle des Einheits= bohrungssystems in Betracht (s. a. S. 39).

Die Festlegung einer einzigen Grenzbemaßung dafür ist nicht möglich, da die beim Einbau bzw. Gebrauch gestellten Anforderungen in den einzelnen Industriezweigen durchaus nicht einheitlich sind. Auch für Rollenlager muß man es freistellen, je nachdem den leichteren oder festeren Sitz zu wählen; so kommt z. B. bei Schrägrollenlagern ein leichterer Sitz als bei den zylindrischen Rollenlagern in Frage.

Ähnliches gilt für die Außenpassung.

Außenring. Der Kugellageraußenring soll im Gehäuse etwa den Sitz haben, den ein normaler Lehrring auf dem zugehörigen Lehrdorn hat, d. h. er soll sich ge= rade noch ohne merkliches Spiel darin verschieben lassen, damit sich beim Laufen der Maschine Längenänderungen ausgleichen können.

Je nach dem erstrebten Maße der Genauigkeit dieser Passung wird man die Abmaße wählen. Meist genügt es, das Gehäuse mit der Toleranz für

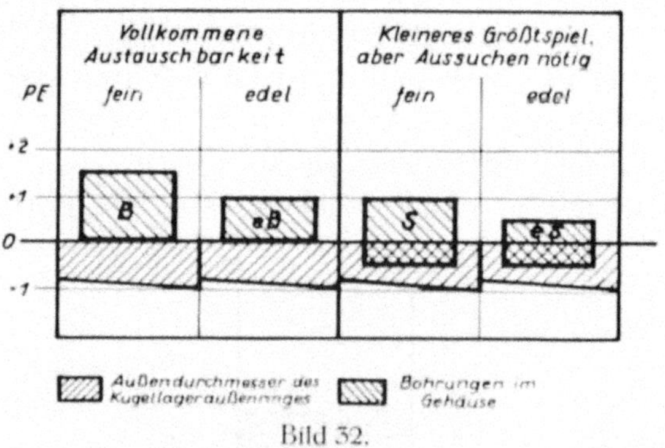

Bild 32.

Sitze des Kugellageraußenringes im Gehäuse.

Einheitsbohrung Feinpassung (+ 1,5 PE oberes und 0 PE unteres Abmaß) auszuführen. Wo eine größere Genauigkeit verlangt wird, nimmt man die Toleranz Einheitsbohrung der Edelpassung mit + 1 PE oberem und 0 PE unterem Abmaß. Da diese Toleranz für die Fertigung schon recht klein ist und bei den meist kurzen Aufnahmebohrungen ein Reiben unerwünscht ist, so geht man häufig dazu über, die Bohrungstoleranz nach unten um 0,5 PE zu erweitern, mit anderen Worten, man nimmt gemäß Bild 32 die Schiebesitz= bohrung der Feinpassung Einheitswelle mit dem oberen Abmaß + 1 PE und dem unteren Abmaß − 0,5 PE (siehe Bild 30). Da es hierbei vorkommen kann, daß die Bohrung unter dem Nennmaß liegt, also kleiner wird als der größt= mögliche Außenring, so ist es notwendig, die Kugellager nach den verschie= denen Gehäusen auszusuchen, derart, daß in die engen Gehäuse die Kugel= lager mit kleinerem Durchmesser und in die größeren die übrigen kommen. Auch bei diesem Vorgehen können in den äußersten Fällen natürlich noch Spiele zwischen Gehäuse und Außenring auftreten; sind auch diese (was aber nur für ganz besondere Fälle gilt) unzulässig, so kann noch einen Schritt weiter gegangen und statt der Schiebesitzbohrung Feinpassung die Schiebesitz= bohrung Edelpassung benutzt werden, deren oberes Abmaß + 0,5 PE und unteres Abmaß − 0,5 PE beträgt. Auch hierbei ist ein Aussuchen notwendig.

10. Umstellung auf die genormten Passungen.

Nachdem vom Normenausschuß für alle Lehren eine einheitliche Bezugs= temperatur sowie einheitliche Passungsmaße festgelegt worden sind, ist es natürlich der Wunsch jedes Betriebes, sich nach diesen neuen Normen zu richten. Es treten aber da, wo bisher schon Grenzlehren nach einem andern System gebraucht wurden, gewisse Schwierigkeiten auf. In den Fällen, wo es sich um häufige Nachlieferung von Ersatzteilen handelt, wird man sich nicht ohne weiteres entschließen, neue Lehren einzuführen, da nach diesen gefertigte Ersatzteile nicht in die alten Maschinen, für welche andere Lehren benutzt wurden, passen würden.

Indessen ist der Übergang zum neuen System nicht mit so großen Schwierig= keiten verbunden, wie man vielleicht im ersten Augenblick annehmen möchte, da eine ganze Reihe der bisher gebräuchlichen Lehren mit den neuen recht genau übereinstimmt.

Auch in den Fällen, in denen früher Lehren mit einer Bezugstemperatur von 0° C verwendet wurden, sind die Hindernisse zu überwinden, da hier die Möglichkeit besteht,

ein altes Ersatzteil mit Festsitz nach der neuen „Schiebesitz"=Lehre

„ „ „ „ Schiebesitz nach der neuen „Enger Laufsitz"=Lehre,

„ „ „ „ Laufsitz genau nach der neuen „Laufsitz"=Lehre,

„ „ „ „ Laufsitz nach der neuen „Leichter Laufsitz"=Lehre

herzustellen.

Daneben bleibt immer noch der Ausweg, einen Satz der alten Lehren aufzu=
bewahren, um danach für alte Maschinen etwa zu liefernde Ersatzteile her=
stellen zu können.

Die übrigen alten Lehren werden, soweit noch brauchbar, zweckmäßig für
die neuen Passungen umgearbeitet.

11. Sonstige Anwendung von Grenzlehren.

Schon bei der Grobpassung sind die Toleranzen so groß, daß sich mancher
fragen wird: Sind hierzu überhaupt noch Grenzlehren nötig? Maßgebend für
die Entscheidung dieser Frage sind allein die Vorteile der Werkstatt und
die Austauschbarkeit der Teile für Nachlieferung. Sobald es sich
um größere Mengen oder häufige Wiederholung eines Durchmessers han=
delt, ist die Grenzlehre unbedingt vorzuziehen, da die Messungen mit ihrer
Hilfe rasch und zuverlässig ausgeführt werden können. Sie hat daneben noch
den großen Vorteil, daß sie genau über das Klarheit schafft, was
der Arbeiter zu leisten hat. Die Grenzlehre beugt zahllosen
Streitigkeiten vor, die sonst dadurch entstehen, daß der eine mit einer
Schieblehre oder Schraublehre so mißt, der andere anders.

Vorbearbei-
tung. Deshalb begnügt man sich nicht mehr damit, die Grenzlehre nur für die
Fertigstellung der Einzelteile zu verwenden, sondern bringt sie auch für die
Vorbearbeitung in Anwendung. Am häufigsten erfolgt dies bei Arbeits=
stücken, die auf der Drehbank vorgearbeitet und auf der Schleif=
maschine fertiggestellt werden sollen. Hierdurch wird die Herstellung
außerordentlich verbilligt, da nur die unbedingt notwendigen Materialmengen
von der Schleifmaschine abzunehmen sind.

Abmaße hierfür finden sich auf Seite 70.

Die Farbe der hierzu benutzten Grenzrachenlehren ist im Unterschied zu
den andern grau.

Gezogenes
Material. Weiterhin sei an dieser Stelle auf die Verwendung von **Grenzrachenlehren
zur Prüfung des gezogenen Materials** hingewiesen. Dieses wird, soweit
es sich um gezogenes Eisen, gezogenen Stahl und gezogenes Messing, also
um Konstruktionsmaterial für den Maschinenbau handelt, in drei Gütegraden
hergestellt. Für die beiden ersten benutzt man die Grenzrachenlehren für Ein=
heitswelle Schlichtpassung und Grobpassung. Für die dritte Qualität,
der auch die Sechskantstangen für blanke Schrauben und Muttern angehören,
finden sich die Abmaße in der untern Zahlentafel auf Seite 70.

Flach-
passungen. Außer den runden Passungen kann man normale Grenzlehren auch zur
Herstellung **flacher Passungen** benutzen, wie sie z. B. bei Laufsteinen in

Kulissenführungen oder bei Paßfedern in Nuten usw. vorkommen. Aus diesem Grunde werden die Abmaße z.B. für Paßfedern und Nuten dem Einheitspassungs= system entnommen; einige andere Beispiele von Flachpassungen zeigt Bild 33.

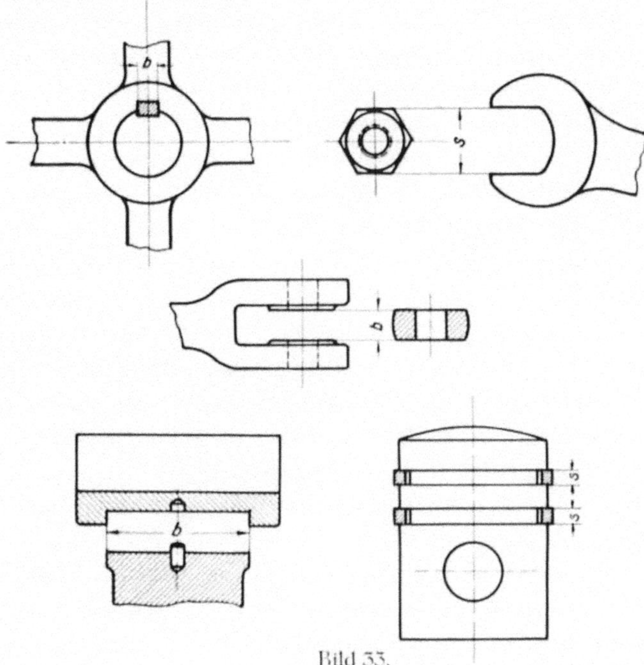

Bild 33.

Flachpassungen.

Indes muß man mit dem Gebrauch der ursprünglich nur für Rundpassungen konstruierten Grenzlehren in einer Beziehung vorsichtig sein. Wenn eine Flach= passung sich nämlich auf eine größere Länge erstreckt, dann ist die Einhal= tung der Ebenheit und Parallelität der Flächen neben deren Abstand von aus= schlaggebender Bedeutung.

Die Grenzrachenlehre, die selbst ebene Flächen aufweist, prüft bei nicht allzulangen Flächen diese Eigenschaften genügend; bei langen Flächen sind jedoch Sonderlehren zu empfehlen. Außerdem bedenke man, daß bei dem gleichen rechnerischen Spiel bzw. Übermaß eine Flachpassung stets enger bzw. fester ist als die entsprechende Rundpassung.

Für die Gegenstücke, wo die Flächen innen liegen (Innenmaße), sind Grenz= lehrdorne nicht zu empfehlen, da sie nur Linienberührung haben und bei= spielsweise eine mit einem Fingerfräser gefräste Nut auch dann als richtig prüfen könnten, wenn sie schlangenförmig verliefe. Für Innenmessungen sind daher flache Grenzlehren, die heute meist noch als Sonderausführungen gelten, zu empfehlen.

Nur auf einem Gebiete, nämlich bei Vierkantpassungen, ermöglicht die Festlegung der Abmaße in DIN 75 die Schaffung normaler flacher Grenzlehren. Hierbei kommt es außer der richtigen „Schlüsselweite" noch auf die Genauigkeit des rechten Winkels der benachbarten Flächen an. Der NDI sieht daher Lehren vor, die nicht nur die Entfernung gegenüberliegender Flächen, sondern auch die Vierkantwinkel prüfen und daher als „Formlehren" bezeichnet werden müssen. Als Gutseite für den Vierkant am Dorn dient eine Blechlehre mit einem genau quadratischen Loch, als Ausschußseite ein Ausschußrachen. Die Prüfung des Vierkantloches erfolgt auf der Gutseite durch einen genau rechtwinkeligen Vierkantdorn, auf der Ausschußseite aus einem Flachmaß. Mit den Gutseiten führt man eine, mit den Ausschußseiten zwei Messungen, nämlich kreuz und quer, aus. Um den verschiedenen, an die Genauigkeit der Vierkantpassungen gestellten Anforderungen zu genügen, hat der NDI drei Gütegrade mit verschieden großen Toleranzen für Vierkant und Vierkantloch festgelegt. Die Gutseiten haben stets das Nennmaß, also das Abmaß 0. Die Ausschußseite hat beim Vierkant ein negatives, beim Vierkantloch ein positives Abmaß.

Ferner kann das System der Grenzlehre für alle anderen Abmessungen zur Anwendung kommen, wo es sich um Einhaltung genauer Maße in gewissen Grenzen handelt. Es mögen nur Nabenhöhen, Bundhöhen, Längen von Wellenansätzen, Lage und Entfernung von Bohrungen, Kolbenringbreiten und deren zugehörige Nuten in den Kolben aus der Unzahl der in der Praxis vorkommenden Fälle namhaft gemacht werden. Manche derartige Grenzlehren erfordern Sonderkonstruktionen; wer aber die Vorteile der Grenzlehren als solche erkannt hat, der wird sich davor nicht scheuen. Aber auch hier ist die Beiziehung von Fachleuten unbedingt zu empfehlen, da viele Gesichtspunkte zu berücksichtigen sind, die mit der Art der Messung und der Meßgenauigkeit zusammenhängen.

12. Die Lehren von Carl Mahr.

Alle bisher beschriebenen Lehren für die Herstellung austauschbarer Teile liefere ich bereits seit vielen Jahren. Nachdem nunmehr die Abmaße sowie einheitliche Bezugstemperatur für sämtliche Passungen vom Normenausschuß, an dessen Sitzungen ich als ständiges Mitglied teilgenommen habe, festgelegt sind, liefere ich Grenzlehren, Prüflehren und Abnutzungsprüfer nach DIN, sofern die Bestellung nichts anderes enthält. Da ich eine große

Zahl führender Firmen des Maschinenbaues sowie ganze Konzerne des In=
und Auslandes des Lokomotiv=, Kraftwagen=, Werkzeugmaschinen=, Trans=
missionsbaues, Firmen der Feinmechanik und Elektrizitätsbranche usw. zur
vollen Zufriedenheit mit Lehren beliefert habe, bin ich in der Lage, für jeden
Fabrikationszweig Vorschläge zu machen, und biete hiermit Ingenieur=
besuch sowie Nennung von Referenzen an.

Da bei zahlreichen Werken der Wunsch bestehen dürfte, unter Verwendung
des schon bestehenden Lehrenparks zum Einheitspassungssystem überzu=
gehen, so übernehme ich auch die Umarbeitung der bisherigen Lehren.
Auch für diese Arbeit kann ich eine Reihe erster Firmen nennen, die von mir
bedient wurden und die mir unaufgefordert ihre Anerkennung für die vorzüg=
liche Ausführung der mir anvertrauten Aufträge zukommen ließen.

Da von der Genauigkeit der Grenzlehren die Güte der damit hergestellten
Fabrikate abhängig ist, so verwende ich bei der Fertigung und Kon=
trolle meiner Erzeugnisse eine Reihe mechanischer und op=
tischer Hilfsvorrichtungen, die mir gestatten, Lehren in höch=
ster Vollendung zu liefern.

Die Ebenheit der Meßflächen meiner Rachenlehren wird bei Genauigkeit.
jedem einzelnen Stück mit Hilfe des Interferenzverfahrens geprüft.

Ebenfalls auf optischem Wege wird die Parallelität der beiden
Meßflächen untersucht, und zwar durch gegenseitige Spiegelung einer in ent=
sprechender Entfernung angebrachten Geraden, ein Verfahren, das auch die
geringsten Abweichungen von der Parallelität aufdeckt.

Schließlich erfolgt die Prüfung auf Maßhaltigkeit der Lehre, welche mit
äußerster Sorgfalt vorgenommen wird, so daß ich mich vollauf dafür verbürgen
kann, daß kein Stück mein Werk verläßt, dessen Maß nicht den Dinormen
entspräche und dessen Meßflächen in bezug auf Parallelität und Ebenheit
nicht als vorzüglich zu bezeichnen wären.

Die angeführten optischen Untersuchungen können nur bei hochglanz=
polierten Flächen zur Anwendung gebracht werden. Die Meßflächen meiner
Rachenlehren werden daher nach einem besonderen Verfahren in der Reinheit
eines feinpolierten Spiegels bearbeitet.

Wenn meine Rachenlehren hinsichtlich Politur, Parallelität und Ebenheit
der Meßflächen mit den von anderer Seite gelieferten verglichen werden, wird
sich die Überlegenheit der meinigen sofort ausweisen. Die Nachprüfung auf
Ebenheit kann von jedem Betrieb sehr leicht durch Auflegen einer genau ge=
schliffenen Glasplatte vorgenommen werden, durch welche Interferenzfiguren
erzeugt und die kleinsten Unebenheiten angezeigt werden. Die Flächen meiner

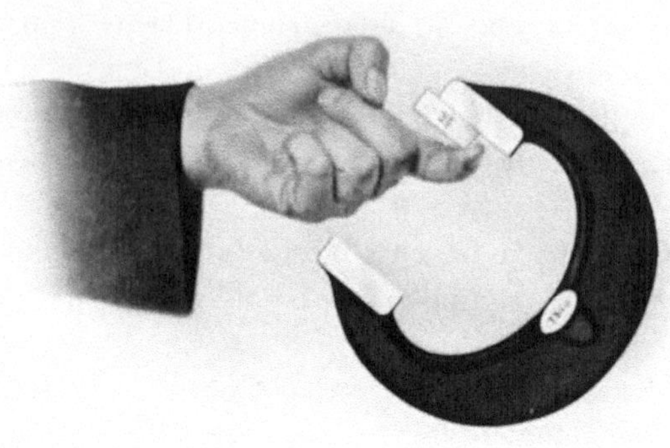

Bild 34.

Rachenlehre bleibt an einem Meßblock haften.

Rachenlehren sind so ge=
nau, daß ein solches Plan=
glas oder ein gutes Endmaß
daran haften bleibt, wie
durch Bild 34 dargestellt ist.

Nicht unerwähnt will ich
lassen, daß meine Rachen=
lehren bedeutend kräftiger
gehalten sind, als gemein=
hin üblich ist. Sie sind da=
durch weniger empfindlich
gegen die bei der Benüt=
zung und Beanspruchung
vorkommenden Stöße, ins=
besondere sind die Meßflächen sehr breit und lang gehalten, so daß die Lebens=
dauer meiner Rachenlehren bedeutend länger ist als die von Lehren mit
kleineren Meßflächen.

Auch die Meßflächen der Grenzlehrdorne, Flachlehren und
Kugelendmaße werden auf das genaueste geschliffen und po=
liert. Die Meßkörper der Dorne von 30 mm an aufwärts werden auswechsel=
bar und umdrehbar geliefert, so daß sich die Lebensdauer dieser Werkzeuge
wesentlich erhöht. Bei Lieferung von Ersatzmeßkörpern passen diese ohne wei=
teres auf den Griff, weshalb die Einsendung des ganzen Dornes nicht nötig ist.

Werkstoff. Als Werkstoff für Urlehren und Meßblöcke verwende ich einen Stahl,
der eine außerordentliche Härte annimmt und eine Ausdehnung von 0,0115
für 1 m und 1° C hat. Die Ausdehnung der Werkstücke, die aus Eisen oder
Stahl hergestellt sind, entspricht im Mittel diesem Zahlenwert.

Für die Werkstatt ist es daher bezüglich eiserner oder stählerner Werkstücke
gleichgültig, bei welcher Temperatur gemessen wird. Zu beachten ist nur, daß
Lehren und Arbeitsstück gleiche Temperatur haben. Werkstücke aus Alumi=
nium, Messing usw. sollten aber bei 20° gemessen werden, da ihre Aus=
dehnungskoeffizienten von dem der Lehren stark verschieden sind.

Rachen= und Lochlehren sind im Gesenk geschmiedet; sie
bestehen aus einem Werkstoff, der nach dem Einsatz bei verhältnismäßig
weichem Kern eine große Härte auf der Oberfläche annimmt. — Lehren
aus schmiedbarem oder aus Stahlguß, wie sie vielfach angeboten werden,
können wesentlich billiger hergestellt werden. Dieser Werkstoff nimmt jedoch
keine wesentliche Härte an, verändert seine Maßgröße, ist porös und zer=

brechlich. Derartige Gußlehren sind in kurzer Zeit unbrauchbar und daher im Gebrauch die teuersten.

Alle von mir hergestellten Lehren werden auf Grund vieljähriger Erfahrungen sorgfältigst gehärtet. Nach dem Härten werden meine sämtlichen Lehr= werkzeuge einer besonderen Wärmebehandlung unterworfen, welche den Zweck hat, den Lehren die durch den Härteprozeß im Werkstoff entstan= denen Spannungen zu entziehen. Es ist außerordentlich wichtig, daß diese Nachbehandlung mit großer Sorgfalt ausgeführt wird, da sich zurück= gebliebene Spannungen bei Meßwerkzeugen besonders fühlbar machen, weil sie eine Änderung der Maßgröße mit sich bringen. Durch mein Verfahren werden alle Spannungen ausgeglichen, ohne daß sich die Härte irgendwie vermindert.

Alle von mir gelieferten Lehren bleiben daher dauernd unveränderlich.

Lehren von Mahr
stimmen aufs Haar.

Verzeichnis der Normblätter.

Normaldurchmesser

DIN 3

mm

		*10,5	26	52	105			
0,5	*5,5	11	27	55	110	210	310	410
0,8		*11,5	28	58	115			
1	6	12	30	60	120	220	320	420
1,2		*12,5	32	62	125			
1,5	*6,5	13	33	65	130	230	330	430
1,8		*13,5	34	68	135			
2	7	14	35	70	140	240	340	440
2,2		*14,5	36	72	145			
2,5	*7,5	15	37¹	75	150	250	350	450
2,8	8	16	38	78	155			
3		17	40	80	160	260	360	460
		18	42	82	165			
3,5	*8,5	19		85	170	270	370	470
		20	44	88	175			
4	9	21	45	90	180	280	380	480
		22	46	92	185			
4,5	*9,5	23	47¹	95	190	290	390	490
		24	48	98	195			
5	10	25	50	100	200	300	400	500

* Für Feinmechanik.
¹ Nur für Kugellager.

Die Normaldurchmesser dienen zur Beschränkung der Werkzeugsorten auf eine Mindestzahl; sie sind zu verwenden, wenn nicht besondere Gründe die Wahl anderer Durchmesser erfordern.

Sind bei Durchmessern über 100 mm Zwischenmaße unvermeidlich, so sollen sie wie bei den kleineren Durchmessern in den Abstufungen 2, 5 und 8 mm gewählt werden.

Die Edelpassung kommt nur für die empfindlichsten Sitze: Gleitsitz, Schiebe=
sitz, Haftsitz, Treibsitz, Festsitz in Frage, wenn besonders hohe Anforderungen
in bezug auf Gleichartigkeit der Ausführung gestellt werden.

Maße in mm

Nach DIN	Sitze		Durchmesserbereich												Paßeinheiten	Lehre
			1 bis 3	über 3 bis 6	über 6 bis 10	über 10 bis 18	über 18 bis 30	über 30 bis 50	über 50 bis 80	über 80 bis 120	über 120 bis 180	über 180 bis 2:0	über 260 bis 360	über 360 bis 500		
18	Ein= heits= boh= rung e B	ob. Abm.	+0,006	+0,008	+0,010	+0,012	+0,015	+0,018	+0,020	+0,022	+0,025	+0,030	+0,035	+0,040	+1	Bohrungslehre
		unt. Abm.	0	0	0	0	0	0	0	0	0	0	0	0	0	
2055	Gleit= sitz e G	ob. Abm.	0	0	0	0	0	0	0	0	0	0	0	0	0	
		unt. Abm.	−0,005	−0,006	−0,007	−0,009	−0,011	−0,013	−0,015	−0,017	−0,020	−0,022	−0,025	−0,028	−0,75	
2054	Schiebe= sitz e S	ob. Abm.	+0,003	+0,004	+0,005	+0,006	+0,008	+0,009	+0,010	+0,011	+0,013	+0,015	+0,018	+0,020	+0,5	
		unt. Abm.	−0,002	−0,002	−0,002	−0,003	−0,004	−0,004	−0,005	−0,006	−0,007	−0,008	−0,009	−0,010	−0,25	
2053	Haft= sitz e H	ob. Abm.	+0,006	+0,008	+0,010	+0,012	+0,015	+0,018	+0,020	+0,022	+0,025	+0,030	+0,035	+0,040	+1	Wellenlehren
		unt. Abm.	+0,002	+0,002	+0,002	+0,003	+0,004	+0,004	+0,005	+0,006	+0,007	+0,008	+0,009	+0,010	+0,25	
2052	Treib= sitz e T	ob. Abm.	+0,009	+0,012	+0,015	+0,018	+0,022	+0,025	+0,030	+0,035	+0,040	+0,045	+0,050	+0,060	+1,5	
		unt. Abm.	+0,005	+0,006	+0,007	+0,009	+0,011	+0,013	+0,015	+0,017	+0,020	+0,022	+0,025	+0,028	+0,75	
2051	Fest= sitz e F	ob. Abm.	+0,012	+0,015	+0,020	+0,025	+0,030	+0,035	+0,040	+0,045	+0,050	+0,060	+0,070	+0,080	+2	
		unt. Abm.	+0,007	+0,010	+0,012	+0,015	+0,018	+0,022	+0,025	+0,028	+0,032	+0,038	+0,043	+0,050	+1,25	

Die Feinpassung umfaßt Sitze jeder Art vom Weiten Laufsitz bis zum Preßsitz.

Maße in mm

Nach DIN	Sitze		Durchmesserbereich												Paßeinheiten	Lehre
			1 bis 3	über 3 bis 6	über 6 bis 10	über 10 bis 18	über 18 bis 30	über 30 bis 50	über 50 bis 80	über 80 bis 120	über 120 bis 180	über 180 bis 2e0	über 2e0 bis 3e0	über 3e0 bis 500		
19	Einheits-bohrung B	oberes Abmaß	+0,009	+0,012	+0,015	+0,018	+0,022	+0,025	+0,030	+0,035	+0,040	+0,045	+0,050	+0,060	+1,5	Bohrungslehre
		unteres Abmaß	0	0	0	0	0	0	0	0	0	0	0	0	0	
52	Weiter Laufsitz W L	oberes Abmaß	−0,030	−0,040	−0,050	−0,060	−0,070	−0,080	−0,100	−0,120	−0,140	−0,150	−0,170	−0,200	−5	Wellenlehren
		unteres Abmaß	−0,050	−0,060	−0,075	−0,090	−0,110	−0,130	−0,150	−0,180	−0,200	−0,220	−0,250	−0,280	−7,5	
20	Leichter Laufsitz L L	oberes Abmaß	−0,018	−0,025	−0,030	−0,035	−0,045	−0,050	−0,060	−0,070	−0,080	−0,090	−0,100	−0,120	−3	
		unteres Abmaß	−0,030	−0,040	−0,050	−0,060	−0,070	−0,080	−0,100	−0,120	−0,140	−0,150	−0,170	−0,200	−5	
21	Laufsitz L	oberes Abmaß	−0,009	−0,012	−0,015	−0,018	−0,022	−0,025	−0,030	−0,035	−0,040	−0,045	−0,050	−0,060	−1,5	
		unteres Abmaß	−0,018	−0,025	−0,030	−0,035	−0,045	−0,050	−0,060	−0,070	−0,080	−0,090	−0,100	−0,120	−3	
22	Enger Laufsitz E L	oberes Abmaß	−0,003	−0,004	−0,005	−0,006	−0,008	−0,009	−0,010	−0,011	−0,013	−0,015	−0,018	−0,020	−0,5	
		unteres Abmaß	−0,009	−0,012	−0,015	−0,018	−0,022	−0,025	−0,030	−0,035	−0,040	−0,045	−0,050	−0,060	−1,5	
23	Gleitsitz G	oberes Abmaß	0	0	0	0	0	0	0	0	0	0	0	0	0	
		unteres Abmaß	−0,006	−0,008	−0,010	−0,012	−0,015	−0,018	−0,020	−0,022	−0,025	−0,030	−0,035	−0,040	−1	
24	Schiebe-sitz S	oberes Abmaß	+0,003	+0,004	+0,005	+0,006	+0,008	+0,009	+0,010	+0,011	+0,013	+0,015	+0,018	+0,020	+0,5	
		unteres Abmaß	−0,003	−0,004	−0,005	−0,006	−0,008	−0,009	−0,010	−0,011	−0,013	−0,015	−0,018	−0,020	−0,5	
25	Haftsitz H	oberes Abmaß	+0,006	+0,008	+0,010	+0,012	+0,015	+0,018	+0,020	+0,022	+0,025	+0,030	+0,035	+0,040	+1	
		unteres Abmaß	0	0	0	0	0	0	0	0	0	0	0	0	0	
58	Treibsitz T	oberes Abmaß	+0,009	+0,012	+0,015	+0,018	+0,022	+0,025	+0,030	+0,035	+0,040	+0,045	+0,050	+0,060	+1,5	
		unteres Abmaß	+0,003	+0,004	+0,005	+0,006	+0,008	+0,009	+0,010	+0,011	+0,013	+0,015	+0,018	+0,020	+0,5	
26	Festsitz F	oberes Abmaß	+0,012	+0,015	+0,020	+0,025	+0,030	+0,035	+0,040	+0,045	+0,050	+0,060	+0,070	+0,080	+2	
		unteres Abmaß	+0,006	+0,008	+0,010	+0,012	+0,015	+0,018	+0,020	+0,022	+0,025	+0,030	+0,035	+0,040	+1	
54	Preßsitz P	oberes Abmaß	+0,015	+0,022	+0,030	+0,038	+0,045	+0,060	+0,075	+0,090	+0,105	+0,130	+0,155	+0,180		
		unteres Abmaß	+0,010	+0,015	+0,020	+0,025	+0,032	+0,040	+0,055	+0,065	+0,080	+0,100	+0,120	+0,140		

Die Schlichtpassung kommt in Frage, wenn die Anforderungen an die Gleich=
artigkeit der Sitze nicht so groß sind wie bei der Feinpassung, aber doch ein
gewisser Charakter des einzelnen Sitzes gewahrt bleiben soll. Sie ist für Sitz=
arten, die den empfindlichen Sitzen der Feinpassung entsprechen, nicht zu em=
pfehlen. Die Schlichtpassung enthält die Sitze: Weiter Schlichtlaufsitz, Schlicht=
laufsitz, Schlichtgleitsitz. Jeder Sitz umfaßt das Gebiet mehrerer aufeinander=
folgender Sitze der Feinpassung entsprechend den großen Spielschwankungen.

Maße in mm

Nach DIN	Sitze		Durchmesserbereich												Paßeinheiten	Lehre
			1 bis 3	über 3 bis 6	über 6 bis 10	über 10 bis 18	über 18 bis 30	über 30 bis 50	über 50 bis 80	über 80 bis 120	über 120 bis 180	über 180 bis 260	über 260 bis 360	über 360 bis 500		
148	Einheits= bohrung s B	oberes Abmaß	+0,018	+0,025	+0,030	+0,035	+0,045	+0,050	+0,060	+0,070	+0,080	+0,090	+0,100	+0,120	+3	Bohrungslehre
		unteres Abmaß	0	0	0	0	0	0	0	0	0	0	0	0	0	
149	Weiter Schlicht= laufsitz s W L.	oberes Abmaß	—0,03	—0,04	—0,05	—0,06	—0,07	—0,08	—0,10	—0,12	—0,14	—0,15	—0,17	—0,20	—5	Wellenlehren
		unteres Abmaß	—0,06	—0,08	—0,10	—0,12	—0,15	—0,18	—0,20	—0,25	—0,28	—0,32	—0,35	—0,40	—10,5	
150	Schlicht= laufsitz s L	oberes Abmaß	—0,009	—0,012	—0,015	—0,018	—0,022	—0,025	—0,030	—0,035	—0,040	—0,045	—0,050	—0,060	—1,5	
		unteres Abmaß	—0,030	—0,040	—0,050	—0,060	—0,070	—0,080	—0,100	—0,120	—0,140	—0,150	—0,170	—0,200	—5	
151	Schlicht= gleitsitz s G	oberes Abmaß	0	0	0	0	0	0	0	0	0	0	0	0	0	
		unteres Abmaß	—0,018	—0,025	—0,030	—0,035	—0,045	—0,050	—0,060	—0,070	—0,080	—0,090	—0,100	—0,120	—3	

Die Grobpassung dient für solche Zwecke, bei denen große Spielschwankungen innerhalb des einzelnen Sitzes zulässig sind. Es können gezogene Wellen verwendet werden.

Maße in mm

Nach DIN	Sitze		Durchmesserbereich												Paßeinheiten	Lehre
			1 bis 3	über 3 bis 6	über 6 bis 10	über 10 bis 18	über 18 bis 30	über 30 bis 50	über 50 bis 80	über 80 bis 120	über 120 bis 180	über 180 bis 260	über 260 bis 360	über 360 bis 500		
159	Einheitsbohrung g B	oberes Abmaß	+0,05	+0,08	+0,10	+0,10	+0,15	+0,15	+0,20	+0,20	+0,25	+0 25	+0,30	+0,35	+10	Bohrungslehre
		unteres Abmaß	0	0	0	0	0	0	0	0	0	0	0	0	0	
160	Grobsitz g 4	oberes Abmaß	−0,10	−0,15	−0,20	−0,25	−0,30	−0,35	−0,40	−0,45	−0,50	−0,55	−0,60	−0,70	−20	Wellenlehren
		unteres Abmaß	−0,18	−0,25	−0,30	−0,35	−0,45	−0,50	−0,60	−0,70	−0,80	−0,90	−1,0	−1,10	−30	
161	Grobsitz g 3	oberes Abmaß	−0,05	−0,08	−0,10	−0,10	−0,15	−0,15	−0,20	−0,20	−0,25	−0,25	−0,30	−0,35	−10	
		unteres Abmaß	−0,10	−0,15	−0,20	−0 25	−0,30	−0,35	−0,40	−0,45	−0,50	−0,55	−0,60	−0,70	−20	
162	Grobsitz g 2	oberes Abmaß	−0,03	−0,04	−0,05	−0,06	−0,07	−0,08	−0,10	−0,12	−0,14	−0,15	−0,17	−0,20	−5	
		unteres Abmaß	−0,08	−0,12	−0,15	−0,20	−0,25	−0,25	−0,30	−0,35	−0,40	−,045	−0,50	−0,55	−15	
163	Grobsitz g 1	oberes Abmaß	0	0	0	0	0	0	0	0	0	0	0	0	0	
		unteres Abmaß	−0,05	−0,08	−0,10	−0,10	−0,15	−0,15	−0,20	−0,20	−0,25	−0,25	−0,30	−0,35	−10	

Einheitswelle — Edelpassung
Tafel der Abmaße

Die Edelpassung kommt nur für die empfindlichen Sitze: Gleitsitz, Schiebesitz, Haftsitz, Treibsitz und Festsitz in Frage, wenn besonders hohe Anforderungen in bezug auf Gleichartigkeit der Ausführung gestellt werden.

Maße in mm

Nach DIN	Sitze		Durchmesserbereich												Paßeinheiten	Lehre
			1 bis 3	über 3 bis 6	über 6 bis 10	über 10 bis 18	über 18 bis 30	über 30 bis 50	über 50 bis 80	über 80 bis 120	über 120 bis 180	über 180 bis 200	über 260 bis 360	über 360 bis 500		
2056	Einheitswelle e W	ob. Abm.	0	0	0	0	0	0	0	0	0	0	0	0	0	Wellenlehre
		unt. Abm.	−0,005	−0,006	−0,007	−0,009	−0,011	−0,013	−0,015	−0,017	−0,020	−0,022	−0,025	−0,078	−0,75	
48	Edel-Gleitsitz e G	ob. Abm.	+0,006	+0,008	+0,010	+0,012	+0,015	+0,018	+0,020	+0,022	+0,025	+0,030	+0,035	+0,040	+1	
		unt. Abm.	0	0	0	0	0	0	0	0	0	0	0	0	0	
49	Edel-Schiebesitz e S	ob. Abm.	+0,003	+0,004	+0,005	+0,006	+0,008	+0,009	+0,010	+0,011	+0,013	+0,015	+0,018	+0,020	+0,5	
		unt. Abm.	−0,003	−0,004	−0,005	−0,006	−0,008	−0,009	−0,010	−0,011	−0,013	−0,015	−0,018	−0,020	−0,5	
50	Edel-Haftsitz e H	ob. Abm.	0	0	0	0	0	0	0	0	0	0	0	0	0	Bohrungslehren
		unt. Abm.	−0,006	−0,008	−0,010	−0,012	−0,015	−0,018	−0,020	−0,022	−0,025	−0,030	−0,035	−0,040	−1	
56	Edel-Treibsitz e T	ob. Abm.	−0,003	−0,004	−0,005	−0,006	−0,008	−0,009	−0,010	−0,011	−0,013	−0,015	−0,018	−0,020	−0,5	
		unt. Abm.	−0,009	−0,012	−0,015	−0,018	−0,022	−0,025	−0,030	−0,035	−0,040	−0,045	−0,050	−0,060	−1,5	
51	Edel-Festsitz e F	ob. Abm.	−0,006	−0,008	−0,010	−0,012	−0,015	−0,018	−0,020	−0,022	−0,025	−0,030	−0,035	−0,040	−1	
		unt. Abm.	−0,012	−0,015	−0,020	−0,025	−0,030	−0,035	−0,040	−0,045	−0,050	−0,060	−0,070	−0,080	−2	

Einheitswelle — Feinpassung
Tafel der Abmaße

Die Feinpassung umfaßt Sitze jeder Art vom Weiten Laufsitz bis zum Preßsitz.

Maße in mm

Nach DIN	Sitze		über...	über 3 bis 6	über 6 bis 10	über 10 bis 18	über 18 bis 30	über 30 bis 50	über 50 bis 80	über 80 bis 120	über 120 bis 180	über 180 bis 260	über 260 bis 360	über 360 bis 500	Paßeinheiten	Lehre
			Durchmesserbereich													
			1 bis 3	über 3 bis 6	über 6 bis 10	über 10 bis 18	über 18 bis 30	über 30 bis 50	über 50 bis 80	über 80 bis 120	über 120 bis 180	über 180 bis 260	über 260 bis 360	über 360 bis 500		
40	Einheitswelle W	oberes Abmaß	0	0	0	0	0	0	0	0	0	0	0	0	0	Wellenlehre
		unteres Abmaß	−0,006	−0,008	−0,010	−0,012	−0,015	−0,018	−0,020	−0,022	−0,025	−0,030	−0,035	−0,040	−1	
53	Weiter Laufsitz W L	oberes Abmaß	+0,05	+0,06	+0,08	+0,10	+0,12	+0,14	+0,16	+0,18	+0,21	+0,24	+0,27	+0,30	+8	
		unteres Abmaß	+0,03	+0,04	+0,05	+0,06	+0,07	+0,08	+0,10	+0,12	+0,14	+0,15	+0,17	+0,20	+5	
41	Leichter Laufsitz L L	oberes Abmaß	+0,035	+0,045	+0,055	+0,065	+0,080	+0,095	+0,110	+0,130	+0,150	+0,170	+0,190	+0,220	+5,5	
		unteres Abmaß	+0,018	+0,025	+0,030	+0,035	+0,045	+0,050	+0,060	+0,070	+0,080	+0,090	+0,100	+0,120	+3	
42	Laufsitz L	oberes Abmaß	+0,020	+0,030	+0,035	+0,040	+0,050	+0,060	+0,070	+0,080	+0,095	+0,105	+0,120	+0,140	+3,5	
		unteres Abmaß	+0,009	+0,012	+0,015	+0,018	+0,022	+0,025	+0,030	+0,035	+0,040	+0,045	+0,050	+0,060	+1,5	
43	Enger Laufsitz E L	oberes Abmaß	+0,012	+0,015	+0,020	+0,025	+0,030	+0,035	+0,040	+0,045	+0,050	+0,060	+0,070	+0,080	+2	
		unteres Abmaß	+0,003	+0,004	+0,005	+0,006	+0,008	+0,009	+0,010	+0,011	+0,013	+0,015	+0,018	+0,020	+0,5	
44	Gleitsitz G	oberes Abmaß	+0,009	+0,012	+0,015	+0,018	+0,022	+0,025	+0,030	+0,035	+0,040	+0,045	+0,050	+0,060	+1,5	Bohrungslehren
		unteres Abmaß	0	0	0	0	0	0	0	0	0	0	0	0	0	
45	Schiebesitz S	oberes Abmaß	+0,006	+0,008	+0,010	+0,012	+0,015	+0,018	+0,020	+0,022	+0,025	+0,030	+0,035	+0,040	+1	
		unteres Abmaß	−0,003	−0,004	−0,005	−0,006	−0,008	−0,009	−0,010	−0,011	−0,013	−0,015	−0,018	−0,020	−0,5	
46	Haftsitz H	oberes Abmaß	+0,003	+0,004	+0,005	+0,006	+0,008	+0,009	+0,010	+0,011	+0,013	+0,015	+0,018	+0,020	+0,5	
		unteres Abmaß	−0,006	−0,008	−0,010	−0,012	−0,015	−0,018	−0,020	−0,022	−0,025	−0,030	−0,035	−0,040	−1	
57	Treibsitz T	oberes Abmaß	0	0	0	0	0	0	0	0	0	0	0	0	0	
		unteres Abmaß	−0,009	−0,012	−0,015	−0,018	−0,022	−0,025	−0,030	−0,035	−0,040	−0,045	−0,050	−0,060	−1,5	
47	Festsitz F	oberes Abmaß	−0,003	−0,004	−0,005	−0,006	−0,008	−0,009	−0,010	−0,011	−0,013	−0,015	−0,018	−0,020	−0,5	
		unteres Abmaß	−0,012	−0,015	−0,020	−0,025	−0,030	−0,035	−0,040	−0,045	−0,050	−0,060	−0,070	−0,080	−2	
55	Preßsitz P	oberes Abmaß	−0,007	−0,010	−0,015	−0,020	−0,025	−0,035	−0,045	−0,055	−0,065	−0,085	−0,105	−0,120		
		unteres Abmaß	−0,015	−0,022	−0,030	−0,038	−0,045	−0,060	−0,075	−0,090	−0,105	−0,130	−0,155	−0,180		

Die Schlichtpassung kommt in Frage, wenn die Anforderungen an die Gleich=
artigkeit der Sitze nicht so groß sind wie bei der Feinpassung, aber doch ein
gewisser Charakter des einzelnen Sitzes gewahrt bleiben soll. Sie ist für Sitz=
arten, die den empfindlichsten Sitzen der Feinpassung entsprechen, nicht zu
empfehlen. Die Schlichtpassung enthält die Sitze: Weiter Schlichtlaufsitz, Schlicht=
laufsitz, Schlichtgleitsitz. Jeder Sitz umfaßt das Gebiet mehrerer aufeinander=
folgender Sitze der Feinpassung entsprechend den großen Spielschwankungen.

Maße in mm

Nach DIN	Sitze		Durchmesserbereich													Paßeinheiten	Lehre
			1 bis 3	über 3 bis 6	über 6 bis 10	über 10 bis 18	über 18 bis 30	über 30 bis 50	über 50 bis 80	über 80 bis 120	über 120 bis 180	über 180 bis 260	über 260 bis 360	über 360 bis 500		
154	Einheits=welle s W	oberes Abmaß	0	0	0	0	0	0	0	0	0	0	0	0	0	Wellenlehre
		unteres Abmaß	—0,018	—0,025	—0,030	—0,035	—0,045	—0,050	—0,060	—0,070	—0,080	—0,090	—0,100	—0,120	—3	
155	Weiter Schlicht=laufsitz s W L	oberes Abmaß	+0,06	+0,08	+0,10	+0,12	+0,15	+0,18	+0,20	+0,25	+0,28	+0,32	+0,35	+0,40	+10,5	Bohrungslehren
		unteres Abmaß	+0,03	+0,04	+0,05	+0,06	+0,07	+0,08	+0,10	+0,12	+0,14	+0,15	+0,17	+0,20	+5	
156	Schlicht=laufsitz s L	oberes Abmaß	+0,030	+0,040	+0,050	+0,060	+0,070	+0,080	+0,100	+0,120	+0,140	+0,150	+0,170	+0,200	+5	
		unteres Abmaß	+0,009	+0,012	+0,015	+0,018	+0,022	+0,025	+0,030	+0,035	+0,040	+0,045	+0,050	+0,060	+1,5	
157	Schlicht=gleitsitz s G	oberes Abmaß	+0,018	+0,025	+0,030	+0,035	+0,045	+0,050	+0,060	+0,070	+0,080	+0,090	+0,100	+0,120	+3	
		unteres Abmaß	0	0	0	0	0	0	0	0	0	0	0	0	0	

Die Grobpassung dient nur für solche Zwecke, bei denen große Spielschwan=
kungen innerhalb des einzelnen Sitzes zulässig sind. Es können gezogene
Wellen verwendet werden.

Maße in mm

Nach DIN	Sitze		Durchmesserbereich												Paßeinheiten	Lehre
			1 bis 3	über 3 bis 6	über 6 bis 10	über 10 bis 18	über 18 bis 30	über 30 bis 50	über 50 bis 80	über 80 bis 120	über 120 bis 180	über 180 bis 260	über 260 bis 360	über 360 bis 500		
164	Einheits=welle g W	oberes Abmaß	0	0	0	0	0	0	0	0	0	0	0	0	0	Wellenlehre
		unteres Abmaß	−0,05	−0,08	−0,10	−0,10	−0,15	−0,15	−0,20	−0,20	−0,25	−0,25	−0,30	−0,35	−10	
165	Grobsitz g 4	oberes Abmaß	+0,18	+0,25	+0,30	+0,35	+0,45	+0,50	+0,60	+0,70	+0,80	+0,90	+1,00	+1,10	+30	Bohrungslehren
		unteres Abmaß	+0,10	+0,15	+0,20	+0,25	+0,30	+0,35	+0,40	+0,45	+0,50	+0,55	+0,60	+0,70	+20	
166	Grobsitz g 3	oberes Abmaß	+0,10	+0,15	+0,20	+0,25	+0,30	+0,35	+0,40	+0,45	+0,50	+0,55	+0,60	+0,70	+20	
		unteres Abmaß	+0,05	+0,08	+0,10	+0,10	+0,15	+0,15	+0,20	+0,20	+0,25	+0,25	+0,30	+0,35	+10	
167	Grobsitz g 2	oberes Abmaß	+0,08	+0,12	+0,15	+0,20	+0,25	+0,25	+0,30	+0,35	+0,40	+0,45	+0,50	+0,55	+15	
		unteres Abmaß	+0,03	+0,04	+0,05	+0,06	+0,07	+0,08	+0,10	+0,12	+0,14	+0,15	+0,17	+0,20	+5	
169	Grobsitz g 1	oberes Abmaß	+0,05	+0,08	+0,10	+0,10	+0,15	+0,15	+0,20	+0,20	+0,25	+0,25	+0,30	+0,35	+10	
		unteres Abmaß	0	0	0	0	0	0	0	0	0	0	0	0	0	

Für das System der Einheitsbohrung

Maße in mm

	Gütegrad	1 bis 3	über 3 bis 6	über 6 bis 10	über 10 bis 18	über 18 bis 30	über 30 bis 50	über 50 bis 80	über 80 bis 100
e B	Edelpassung	+0,004	+0,005	+0,007	+0,008	+0,010	+0,012	+0,013	+0,015
B	Feinpassung	+0,006	+0,008	+0,010	+0,012	+0,015	+0,017	+0,020	+0,023
s B	Schlichtpassung	+0,012	+0,017	+0,020	+0,023	+0,030	+0,033	+0,040	+0,047

Für das System der Einheitswelle

Maße in mm

Gütegrad	Sitze		1 bis 3	über 3 bis 6	über 6 bis 10	über 10 bis 18	über 18 bis 30	über 30 bis 50	über 50 bis 80	über 80 bis 100
Edelpassung	Edelgleitsitz	e G	+0,004	+0,005	+0,007	+0,008	+0,010	+0,012	+0,013	+0,015
	Edelschiebesitz	e S	+0,001	+0,001	+0,002	+0,002	+0,003	+0,003	+0,003	+0,004
	Edelhaftsitz	e H	−0,002	−0,003	−0,003	−0,004	−0,005	−0,006	−0,007	−0,007
	Edeltreibsitz	e T	−0,005	−0,007	−0,008	−0,010	−0,013	−0,014	−0,017	−0,019
	Edelfestsitz	e F	−0,008	−0,010	−0,013	−0,016	−0,020	−0,024	−0,027	−0,030
Feinpassung	Weiter Laufsitz	W L	+0,043	+0,053	+0,070	+0,087	+0,103	+0,120	+0,140	+0,160
	Leichter Laufsitz	L L	+0,029	+0,038	+0,047	+0,055	+0,068	+0,080	+0,093	+0,110
	Laufsitz	L	+0,016	+0,024	+0,028	+0,033	+0,041	+0,048	+0,057	+0,065
	Enger Laufsitz	E L	+0,009	+0,011	+0,015	+0,019	+0,023	+0,026	+0,030	+0,034
	Gleitsitz	G	+0,006	+0,008	+0,010	+0,012	+0,015	+0,017	+0,020	+0,023
	Schiebesitz	S	+0,003	+0,004	+0,005	+0,006	+0,008	+0,009	+0,010	+0,011
	Haftsitz	H	0	0	0	0	0	0	0	0
	Treibsitz	T	−0,003	−0,004	−0,005	−0,006	−0,007	−0,008	−0,010	−0,012
	Festsitz	F	−0,006	−0,008	−0,010	−0,012	−0,015	−0,018	−0,020	−0,022
	Preßsitz	P	−0,010	−0,014	−0,020	−0,026	−0,032	−0,043	−0,055	−0,067
Schlicht-passung	Weiter Schlichtlaufsitz	s W L	+0,050	+0,067	+0,083	+0,100	+0,123	+0,147	+0,167	+0,207
	Schlichtlaufsitz	s L	+0,023	+0,031	+0,038	+0,046	+0,054	+0,062	+0,077	+0,092
	Schlichtgleitsitz	s G	+0,012	+0,017	+0,020	+0,023	+0,030	+0,033	+0,040	+0,047

Einheitsbohrung

Maße in mm

Gütegrad	Kennzeichnung der Grenzlehren	1 bis 3	über 3 bis 6	über 6 bis 10	über 10 bis 18	über 18 bis 30	über 30 bis 50	über 50 bis 80	über 80 bis 120	über 120 bis 180	über 180 bis 260	über 260 bis 360	über 360 bis 500	Paßeinheiten
Edelpassung	Lehrdorne usw. f. d. Bohrung	0,0015	0,002	0,0025	0,003	0,004	0,0045	0,005	0,006	0,007	0,008	0 009	0,010	0,25
Edelpassung	Rachenlehren f. d. Welle Gleitsitz, Schiebesitz, Haftsitz, Treibsitz, Festsitz	0,001	0,0015	0,002	0,0025	0,003	0,0035	0,004	0,0045	0,005	0,006	0,007	0,008	ca. 0,2
Feinpassung	Lehrdorne usw. f. d. Bohrung	0,002	0,003	0,0035	0,004	0,005	0,006	0,007	0,008	0,009	0,010	0,012	0,014	0,3 5
Feinpassung	Rachenlehren für Weiten Laufsitz	0,003	0,004	0,005	0,006	0,008	0,009	0,010	0,011	0,013	0,015	0,018	0,020	0,5
Feinpassung	Rachenlehren für Leichten Laufsitz	0,0025	0,003	0,004	0,005	0,006	0,007	0,008	0,009	0,010	0,012	0,014	0,016	0,4
Feinpassung	Rachenlehren für Laufsitz	0,002	0,003	0,0035	0,004	0,005	0,006	0,007	0,008	0,009	0,010	0,012	0,014	0,35
Feinpassung	Rachenlehren für Engen Laufsitz, Gleitsitz, Schiebesitz, Haftsitz, Treibsitz, Festsitz, Preßsitz	0,0015	0,002	0,0025	0,003	0,004	0,0045	0,005	0,006	0,007	0,008	0,009	0,010	0,25
Schlichtpassung	Lehrdorne usw. f. d. Bohrung	0,003	0,005	0,005	0,008	0,008	0,010	0,012	0,015	0,015	0,020	0,020	0,025	0,6
Schlichtpassung	Rachenlehren f. Weiten Schlichtlaufsitz, Schlichtlaufsitz, Schlichtgleitsitz	0,003	0,005	0,005	0,008	0,008	0,010	0,012	0,015	0,015	0,020	0,020	0,025	0,6
Grobpassung	Lehrdorne usw. f. d. Bohrung	0,009	0,012	0,015	0,018	0,022	0,025	0,030	0,035	0,040	0,045	0,050	0,060	1,5
Grobpassung	Rachenlehren für Grobsitze g 1 bis g 4	0,009	0,012	0,015	0,018	0,022	0,025	0,030	0,035	0,040	0,045	0,050	0,060	1,5

Einheitswelle

Maße in mm

Gütegrad	Kennzeichnung der Grenzlehren	1 bis 3	über 3 bis 6	über 6 bis 10	über 10 bis 18	über 18 bis 30	über 30 bis 50	über 50 bis 80	über 80 bis 120	über 120 bis 180	über 180 bis 260	über 260 bis 360	über 360 bis 500	Paßeinheiten
Edelpassung	Rachenlehren f. d. Welle	0,001	0,0015	0,002	0,0025	0,003	0,0035	0,004	0,0045	0,005	0,006	0,007	0,008	ca. 0,2
	Lehrdorne usw. f. d. Bohrungen: Gleitsitz, Schiebesitz, Haftsitz, Treibsitz, Festsitz	0,0015	0,002	0,0025	0,003	0,004	0,0045	0,005	0,006	0,007	0,008	0,009	0,010	0,25
Feinpassung	Rachenlehren f. d. Welle	0,0015	0,002	0,0025	0,003	0,004	0,0045	0,005	0,006	0,007	0,008	0,009	0,010	0,25
	Lehrdorne für Weiten Laufsitz	0,003	0,005	0,005	0,008	0,008	0,010	0,012	0,015	0,015	0,020	0,020	0,025	0,6
	Lehrdorne für Leichten Laufsitz	0,003	0,004	0,005	0,006	0,008	0,009	0,010	0,011	0,013	0,015	0,018	0,020	0,5
	Lehrdorne für Laufsitz	0,0025	0,003	0,004	0,005	0,006	0,007	0,008	0,009	0,010	0,012	0,014	0,016	0,4
	Lehrdorne für Engen Laufsitz, Gleitsitz, Schiebesitz, Haftsitz, Treibsitz, Festsitz, Preßsitz	0,002	0,003	0,0035	0,004	0,005	0,006	0,007	0,008	0,009	0,010	0,012	0,014	0,35
Schlichtpassung	Rachenlehren f. d. Welle	0,003	0,005	0,005	0,008	0,008	0,010	0,012	0,015	0,015	0,020	0,020	0,025	0,6
	Lehrdorne usw. für Weiten Schlichtlaufsitz, Schlichtlaufsitz, Schlichtgleitsitz	0,003	0,005	0,005	0,008	0,008	0,010	0,012	0,015	0,015	0,020	0,020	0,025	0,6
Grobpassung	Rachenlehren f. d. Welle	0,009	0,012	0,015	0,018	0,022	0,025	0,030	0,035	0,040	0,045	0,050	0,060	1,5
	Lehrdorne usw. f. Grobsitze g 1 bis g 4	0,009	0,012	0,015	0,018	0,022	0,025	0,030	0,035	0,040	0,045	0,050	0,060	1,5

Herstellungsgenauigkeit bei Arbeitslehren

Bei Grenzlehren sind für die Sollmaße* folgende Abweichungen zulässig:

1. Die **Gutseite** erhält eine der Abnutzung **entgegengesetzte Abweichung,** also:
   a) eine positive Abweichung bei Lehrdornen, Flachlehren, Kugelendmaßen,
   b) eine negative Abweichung bei Rachenlehren.
2. Die **Ausschußseite** erhält, entsprechend der geringen Abnutzung, eine **gleiche Abweichung nach beiden Seiten,** wobei die Toleranz für die Her=stellung der Lehre die gleiche ist wie bei der Gutseite.

Maße in mm

Durchmesser=bereich mm Nennmaße	Edelpassung				Feinpassung			
	Lehrdorne, Flachlehren und Kugelendmaße		Rachenlehren		Lehrdorne, Flachlehren und Kugelendmaße		Rachenlehren	
	Gutseite	Ausschuß=seite	Gutseite	Ausschuß=seite	Gutseite	Ausschuß=seite	Gutseite	Ausschuß=seite
1 bis 3	+0,0020	±0,0010	—0,0020	±0,0010	+0,0025	±0,0013	—0,0025	±0,0013
über 3 bis 6	+0,0020	±0,0010	—0,0020	±0,0010	+0,0030	±0,0015	—0,0030	±0,0015
über 6 bis 10	+0,0025	±0,0013	—0,0025	±0,0013	+0,0040	±0,0020	—0,0040	±0,0020
über 10 bis 18	+0,0025	±0,0013	—0,0025	±0,0013	+0,0045	±0,0023	—0,0045	±0,0023
über 18 bis 30	+0,0030	±0,0015	—0,0030	±0,0015	+0,0045	±0,0023	—0,0045	±0,0023
über 30 bis 50	+0,0035	±0,0018	—0,0035	±0,0018	+0,0050	±0,0025	—0,0050	±0,0025
über 50 bis 80	+0,0040	±0,0020	—0,0040	±0,0020	+0,0065	±0,0033	—0,0065	±0,0033
über 80 bis 120	+0,0055	±0,0028	—0,0055	±0,0028	+0,0085	±0,0043	—0,0085	±0,0043
über 120 bis 180	+0,0070	±0,0035	—0,0070	±0,0035	+0,0100	±0,0050	—0,0100	±0,0050
über 180 bis 260	+0,0090	±0,0045	—0,0090	±0,0045	+0,0120	±0,0060	—0,0120	±0,0060
über 260 bis 360	+0,0120	±0,0060	—0,0120	±0,0060	+0,0160	±0,0080	—0,0160	±0,0080
über 360 bis 430	+0,0140	±0,0070	—0,0140	±0,0070	+0,0180	±0,0090	—0,0180	±0,0090
über 430 bis 500	+0,0160	±0,0080	—0,0160	±0,0080	+0,0200	±0,0100	—0,0200	±0,0100

Durchmesser=bereich mm Nennmaße	Schlichtpassung				Grobpassung			
	Lehrdorne, Flachlehren und Kugelendmaße		Rachenlehren		Lehrdorne, Flachlehren und Kugelendmaße		Rachenlehren	
	Gutseite	Ausschuß=seite	Gutseite	Ausschuß=seite	Gutseite	Ausschuß=seite	Gutseite	Ausschuß=seite
1 bis 3	+0,006	±0,003	—0,006	±0,003	+0,010	±0,005	—0,010	±0,005
über 3 bis 6	+0,006	±0,003	—0,006	±0,003	+0,010	±0,005	—0,010	±0,005
über 6 bis 10	+0,006	±0,003	—0,006	±0,003	+0,010	±0,005	—0,010	±0,005
über 10 bis 30	+0,007	±0,0035	—0,007	±0,0035	+0,012	±0,006	—0,012	±0,006
über 30 bis 50	+0,008	±0,004	—0,008	±0,004	+0,012	±0,006	—0,012	±0,006
über 50 bis 80	+0,010	±0,005	—0,010	±0,005	+0,014	±0,007	—0,014	±0,007
über 80 bis 120	+0,012	±0,006	—0,012	±0,006	+0,018	±0,009	—0,018	±0,009
über 120 bis 180	+0,014	±0,007	—0,014	±0,007	+0,022	±0,011	—0,022	±0,011
über 180 bis 260	+0,018	±0,009	—0,018	±0,009	+0,028	±0,014	—0,028	±0,014
über 260 bis 360	+0,022	±0,011	—0,022	±0,011	+0,036	±0,018	—0,036	±0,018
über 360 bis 430	+0,026	±0,013	—0,026	±0,013	+0,044	±0,022	—0,044	±0,022
über 430 bis 500	+0,030	±0,015	—0,030	±0,015	+0,050	±0,025	—0,050	±0,025

* Sollmaß = Nennmaß + Abmaß.

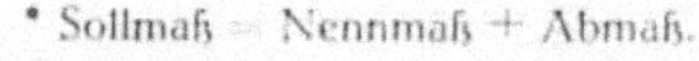

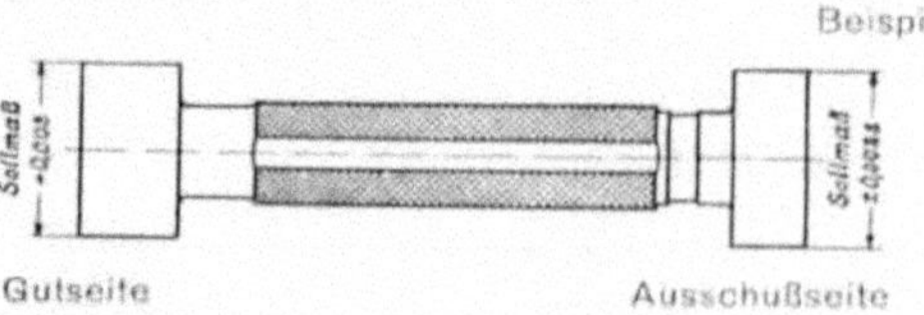

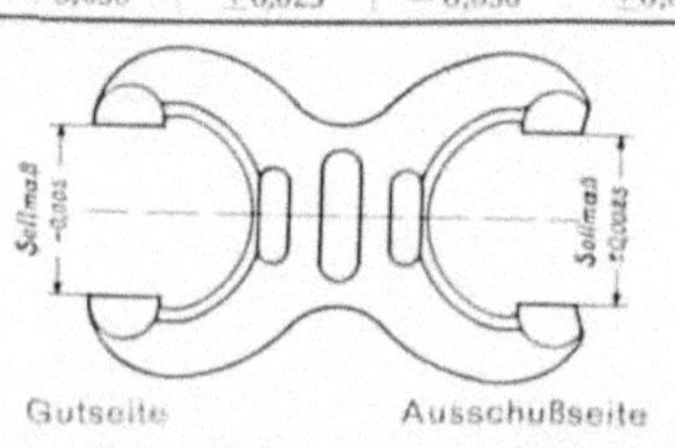

Einheitsbohrung

Gütegrade	Benennung	Edel-passung	Fein-passung	Schlicht-passung	Grob-passung
	Bezeichnung	e	—	s	g
Kennzeichen der Bohrung		eB	B	sB	gB
Bewegungssitze	Weiter Laufsitz	—	WL	sWL	Grobsitze g 1 bis g 4
	Leichter Laufsitz	—	LL	—	
	Laufsitz	—	L	sL	
	Enger Laufsitz	—	EL	—	
	Gleitsitz	eG	G	sG	
Ruhesitze	Schiebesitz	eS	S	—	
	Haftsitz	eH	H	—	
	Treibsitz	eT	T	—	
	Festsitz	eF	F	—	
	Preßsitz	—	P	—	
Farbe des Gütegrades für die Lehre		Kornblumenblau	Schwarz	Gelb	Hellgrün

Bezeichnung der Sitzarten, gleichzeitig Kennzeichen der Welle

Einheitswelle

Gütegrade	Benennung	Edel-passung	Fein-passung	Schlicht-passung	Grob-passung
	Bezeichnung	e	—	s	g
Kennzeichen der Welle		eW	W	sW	gW
Bewegungssitze	Weiter Laufsitz	—	WL	sWL	Grobsitze g 1 bis g 4
	Leichter Laufsitz	—	LL	—	
	Laufsitz	—	L	sL	
	Enger Laufsitz	—	EL	—	
	Gleitsitz	eG	G	sG	
Ruhesitze	Schiebesitz	eS	S	—	
	Haftsitz	eH	H	—	
	Treibsitz	eT	T	—	
	Festsitz	eF	F	—	
	Preßsitz	—	P	—	
Farbe des Gütegrades für die Lehre		Kornblumenblau	Schwarz	Gelb	Hellgrün

Bezeichnung der Sitzarten, gleichzeitig Kennzeichen der Bohrung

Die vorstehenden abgekürzten Bezeichnungen sind bei Angabe der Passung auf
Zeichnungen und zur Kennzeichnung von Lehren zu verwenden.

Grenzlehren für Vorbearbeitung erhalten einen grauen Anstrich.

<table>
<tr><td>Carl Mahr
Esslingen a. N.</td><td align="center">Schleifzugaben</td><td align="center">Nach
DIN 60</td></tr>
</table>

Maße in mm

Nennmaß d. Welle Durchmesser-bereich	Schleifzugaben zum Nennmaß der Welle						
	Länge der Welle	bis 400	über 400 bis 800	über 800 bis 1200	über 1200 bis 1600	über 1600 bis 2000	über 2000
bis 50	oberes Abmaß	+0,4	+0,45	+0,55	+0,6	+0,7	+0,8
	unteres Abmaß	+0,25	+0,3	+0,4	+0,45	+0,5	+0,6
über 50 bis 120	oberes Abmaß	+0,45	+0,45	+0,55	+0,6	+0,7	+0,8
	unteres Abmaß	+0,3	+0,3	+0,4	+0,45	+0,5	+0,6
über 120 bis 180	oberes Abmaß	+0,55	+0,55	+0,55	+0,6	+0,7	+0,8
	unteres Abmaß	+0,4	+0,4	+0,4	+0,45	+0,5	+0,6
über 180 bis 260	oberes Abmaß	+0,6	+0,6	+0,6	+0,6	+0,7	+0,8
	unteres Abmaß	+0,45	+0,45	+0,45	+0,45	+0,5	+0,6
über 260 bis 360	oberes Abmaß	+0,7	+0,7	+0,7	+0,7	+0,7	+0,8
	unteres Abmaß	+0,5	+0,5	+0,5	+0,5	+0,5	+0,6
über 360	oberes Abmaß	+0,8	+0,8	+0,8	+0,8	+0,8	+0,8
	unteres Abmaß	+0,6	+0,6	+0,6	+0,6	+0,6	+0,6

Die Angaben gelten für das Vordrehen von Wellen, die nachher in ungehärtetem Zustande auf Fertigmaß geschliffen werden sollen. Sie gelten für alle Sitze mit Aus-nahme der Preß- und Schrumpfsitze der Einheitsbohrung, die größere Zugaben erfordern.

<table>
<tr><td>Carl Mahr
Esslingen a. N.</td><td align="center">Abmaße für blankgezogene Stangen
und Drähte</td><td align="center">Nach
DIN 1750</td></tr>
</table>

Maße in mm

Nennmaß (Durchmesser, Breite oder Stärke)	Oberes Abmaß	Untere Abmaße		
		−3 Paßeinheiten früher Ziehgenauigkeit A	−10 Paßeinheiten früher Ziehgenauigkeit B	−15 Paßeinheiten früher Ziehgenauigkeit C
über 1 bis 3	0	−0,018	−0,05	−0,08
über 3 bis 6	0	−0,025	−0,08	−0,12
über 6 bis 10	0	−0,030	−0,10	−0,15
über 10 bis 18	0	−0,035	−0,10	−0,20
über 18 bis 30	0	−0,045	−0,15	−0,25
über 30 bis 50	0	−0,050	−0,15	−0,25
über 50 bis 80	0		−0,20	−0,30
über 80 bis 100	0		−0,20	−0,35
Entspricht den Ab-maßen der		Schlichtwelle s W	Grobwelle g W	

Für handelsübliches Schraubenmaterial (Rundeisen nach DIN 669 und Sechskant-eisen für Schrauben und Muttern) ist eine Abweichung entsprechend −15 Paßein-heiten zulässig.

14. Lehrenverzeichnis.

Arbeitslehren.

Normal- und Prüflehren.

Feinmeßmaschine

Nr. 295. Grenzlehrdorne.

Aus Stahl, glashart, entspannt und genauest auf Maß geschliffen.

Verbürgte Genauigkeit nach DIN 168.

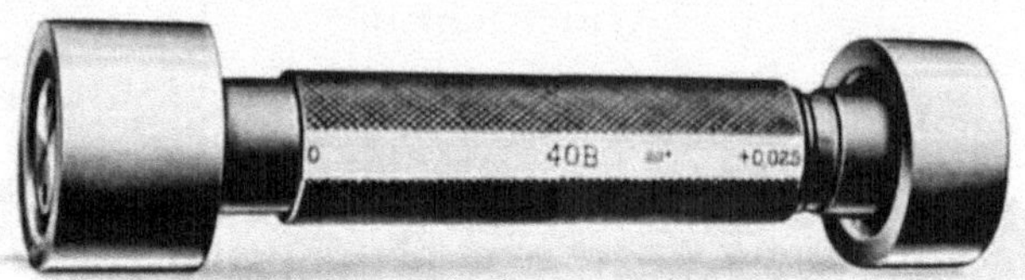

Grenzlehrdorne haben zwei Meßstellen, von welchen die lange „Gutseite" sich in die Bohrung einführen lassen muß, während die kurze „Ausschußseite" nicht hineingehen, höchstens anfassen darf.

Sämtliche Lehrdorne mit Ausnahme der kleinen Durchmesser sind mit aus= wechselbaren und umdrehbaren Meßkörpern ausgeführt. Bei den größeren Dornen sind die Meßkörper hohl ausgedreht und die Stahlgriffe vollständig durchbohrt, um die Lehren leicht und handlich zu gestalten.

Für die Durchmesser über 100 mm empfehle ich nach DIN flache Grenz= lochlehren Nr. 310 bzw. Grenzkugelendmaße Nr. 315.

Durchmesser mm	3	3,5	4	4,5	5	6	7	8	9
Stückpreis ℳ									

Durchmesser mm	10	11	12	13	14	15	16	17	18
Stückpreis ℳ									

Durchmesser mm	19	20	21	22	23	24	25	26	27
Stückpreis ℳ									

Durchmesser mm	28	30	32	33	34	35	36	38	40
Stückpreis ℳ									

Durchmesser mm	42	44	45	46	48	50	52	55	58
Stückpreis ℳ									

Durchmesser mm	60	62	65	68	70	72	75	78	80
Stückpreis ℳ									

Durchmesser mm	82	85	88	90	92	95	98	100
Stückpreis ℳ								

Nr. 300. Grenzlehrdorne mit konischer Vorlehre.

(Bauart Mahr.)

Aus Stahl, glashart, entspannt und genauest auf Maß geschliffen.
Vorlehre 10 mm lang und 2/10 mm konisch. Verbürgte Genauigkeit
nach DIN 168.

Die Gutseite des Grenzlehrdornes ist mit einer konischen Vorlehre versehen,
wodurch während der Bearbeitung eines Werkstückes ohne Zuhilfenahme an=
derer Meßwerkzeuge festgestellt werden kann, wieviel Material abzuheben
ist, bis die Gutseite des Bolzens in die Bohrung hineingeht. Der Übergang
von der Vorlehre zur Gutseite des Grenzlehrdornes ist durch eine gut sicht=
bare Rille gekennzeichnet. In der Regel liefere ich die Vorlehre 10 mm lang
und 2/10 mm konisch. Auf Verlangen führe ich jedoch die Vorlehre auch in
jeder anderen Steigung aus.

Die Meßkörper sind wie bei den Lehrdornen Nr. 295 umdrehbar und aus=
tauschbar; es können also auch Sacklöcher gemessen werden, wenn der Meß=
körper der Gutseite umgekehrt aufgesteckt wird.

Durchmesser mm	3	3,5	4	4,5	5	6	7	8
Stückpreis ℳ								
Durchmesser mm	9	10	11	12	13	14	15	16
Stückpreis ℳ								
Durchmesser mm	17	18	19	20	21	22	23	24
Stückpreis ℳ								
Durchmesser mm	25	26	27	28	30	32	33	34
Stückpreis ℳ								
Durchmesser mm	35	36	38	40	42	44	45	46
Stückpreis ℳ								
Durchmesser mm	48	50	52	55	58	60	62	65
Stückpreis ℳ								
Durchmesser mm	68	70	72	75	78	80	82	85
Stückpreis ℳ								
Durchmesser mm	88	90	92	95	98	100		
Stückpreis ℳ								

Nr. 305. Flache Grenzlochlehren.

Im Gesenk geschmiedet, glashart, entspannt und genauest auf Maß
geschliffen.
Verbürgte Genauigkeit nach DIN 168.

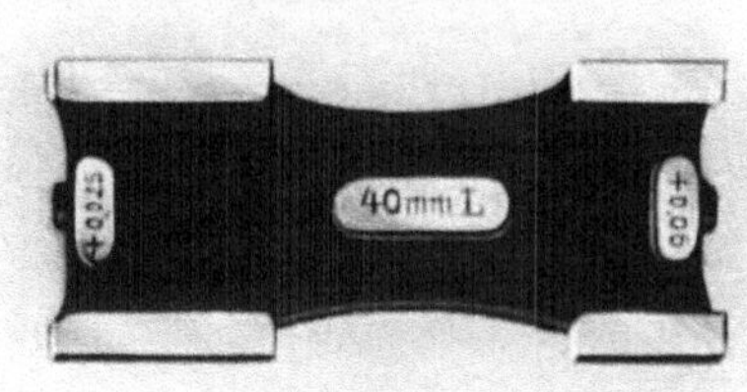

Diese Lehren dienen dem gleichen Zwecke wie Grenzlehrdorne, sind aber
leichter und handlicher als solche.

Durchmesser mm	6	7	8	9	10	11	12	13	14
Stückpreis ℳ									

Durchmesser mm	15	16	17	18	19	20	21	22	23
Stückpreis ℳ									

Durchmesser mm	24	25	26	27	28	30	32	33	34
Stückpreis ℳ									

Durchmesser mm	35	36	38	40	42	44	45	46	48
Stückpreis ℳ									

Durchmesser mm	50	52	55	58	60	62	65	68	70
Stückpreis ℳ									

Durchmesser mm	72	75	78	80	82	85	88	90	92
Stückpreis ℳ									

Durchmesser mm	95	98	100
Stückpreis ℳ			

Nr. 310. Flache Grenzlochlehren.

Aus Sonderstahl hergestellt, glashart, entspannt und genauest auf Maß geschliffen.

Verbürgte Genauigkeit nach DIN 168.

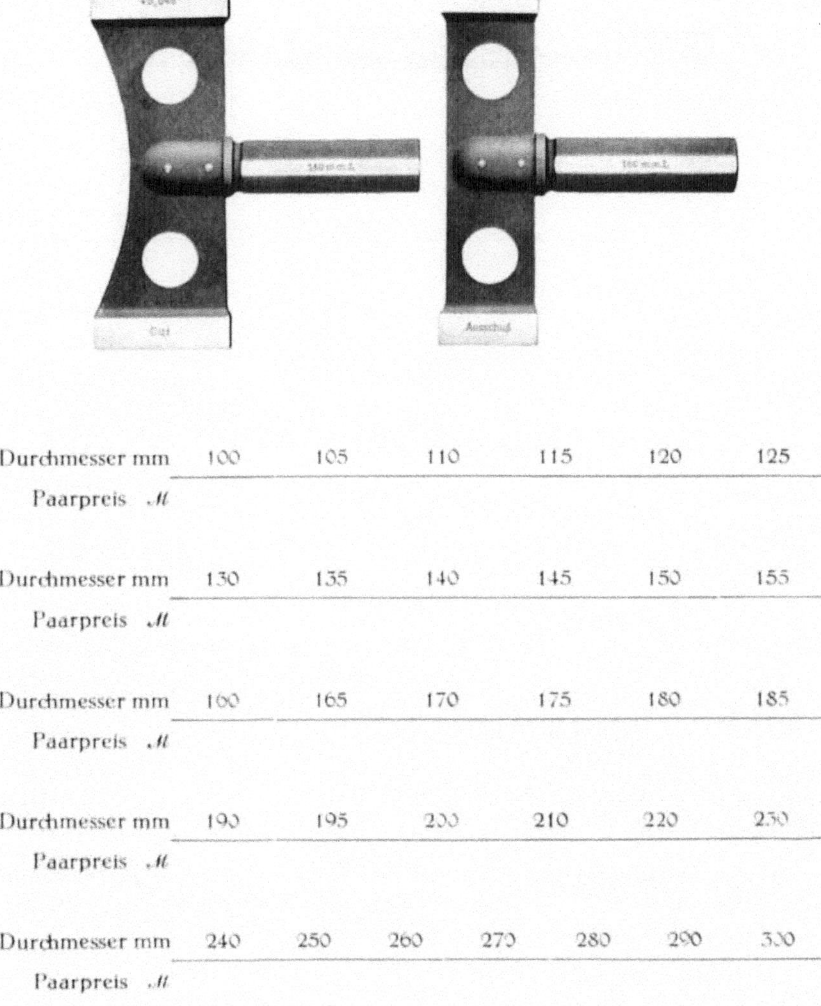

Durchmesser mm	100	105	110	115	120	125
Paarpreis ℳ						

Durchmesser mm	130	135	140	145	150	155
Paarpreis ℳ						

Durchmesser mm	160	165	170	175	180	185
Paarpreis ℳ						

Durchmesser mm	190	195	200	210	220	230
Paarpreis ℳ						

Durchmesser mm	240	250	260	270	280	290	300
Paarpreis ℳ							

Nr. 315. Grenzkugelendmaße.

Glashart, entspannt und genauest auf Maß geschliffen.

Meßflächen genau sphärisch und hochglanz poliert.

Verbürgte Genauigkeit nach DIN 168.

Länge mm	100	105	110	115	120	125	130	135
Paarpreis ℳ								

Länge mm	140	145	150	155	160	165	170	175
Paarpreis ℳ								

Länge mm	180	185	190	195	200	210	220	230
Paarpreis ℳ								

Länge mm	240	250	260	270	280	290	300	310
Paarpreis ℳ								

Länge mm	320	330	340	350	360	370	380	390
Paarpreis ℳ								

Länge mm	400	410	420	430	440	450	460	470
Paarpreis ℳ								

Länge mm	480	490	500
Paarpreis ℳ			

Zum Schutz gegen Übertragung der Handwärme werden die Kugelendmaße in der Regel mit Hartgummigriffen, und zwar mit schwarzem Griff für die Gutlehre und rotem Griff für die Ausschußlehre ausgeführt.

Die Preise der **Hartgummigriffe** betragen:

Länge der Endmaße	mm 100—200	201—400	401—500
Durchmesser der Endmaße „	10	13	16
Paarpreis ℳ			

An Stelle dieser Hartgummigriffe werden auf Wunsch auch **Halter aus Stahlrohr** geliefert, welche die Gut- und Ausschußlehre eines Durchmessers zu einem Werkzeug vereinigen. Die Preise dieser Griffe betragen:

Länge der Endmaße	mm 100—200	201—400	401—500
Durchmesser der Endmaße „	10	13	16
Stückpreis ℳ			

Nr. 320. Grenzrachenlehren.

Im Gesenk geschmiedet, glashart, entspannt und genauest auf Maß geschliffen.
Verbürgte Genauigkeit nach DIN 168.

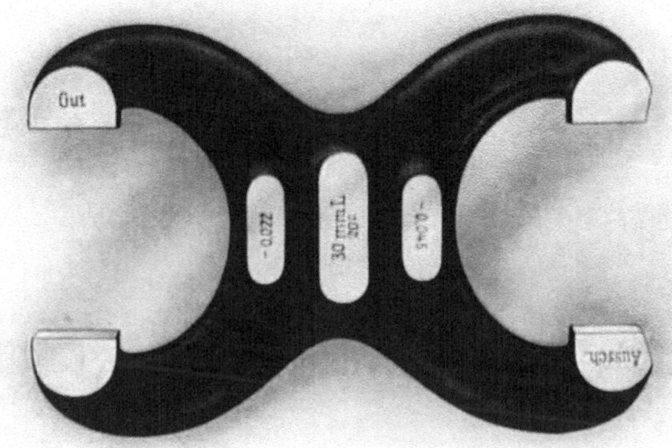

Bei diesen Lehren sind in gleicher Weise wie bei Grenzlehrdornen zwei Meßstellen vorhanden, von welchen die „Gutseite" infolge des Eigengewichtes der
Lehre über die Welle gleiten muß, während die „Ausschußseite" nicht darüber-
gehen, höchstens anschnäbeln darf.

Meine Rachenlehren sind sehr kräftig gehalten und infolgedessen wenig empfindlich. Die Meßflächen sind planparallel, hochglanz poliert und genau eben, außerdem sind sie sehr breit und lang, wodurch die Lebensdauer der Rachenlehren
wesentlich erhöht wird.

Rachenweite mm	3	3,5	4	4,5	5	6	7	8	9
Stückpreis ℳ									
Rachenweite mm	10	11	12	13	14	15	16	17	18
Stückpreis ℳ									
Rachenweite mm	19	20	21	22	23	24	25	26	27
Stückpreis ℳ									
Rachenweite mm	28	30	32	33	34	35	36	38	40
Stückpreis ℳ									
Rachenweite mm	42	44	45	46	48	50	52	55	58
Stückpreis ℳ									
Rachenweite mm	60	62	65	68	70	72	75	78	80
Stückpreis ℳ									
Rachenweite mm	82	85	88	90	92	95	98	100	
Stückpreis ℳ									

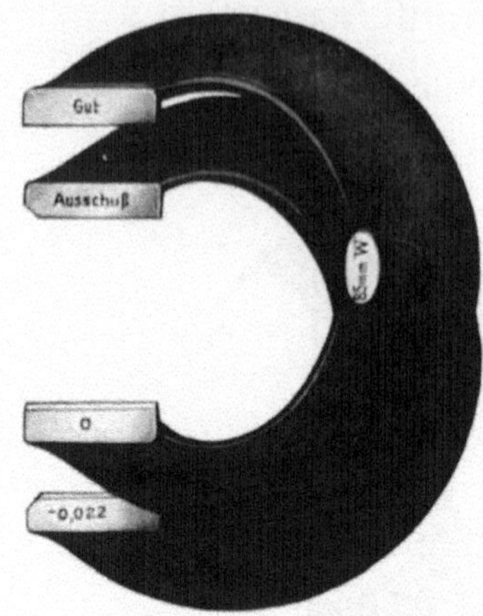

Nr. 325. Grenzrachenlehren.

(Satz zu zwei Stück.)

Glashart, entspannt und genauest auf Maß geschliffen. Meßflächen planparallel, hochglanz poliert und genau eben.

Die Rachenlehren sind bis 150 mm im Gesenk geschmiedet, über 150 mm mit Körper aus Gußeisen, die Meßbacken aus Stahl und sicher mit dem Lehrenkörper verbunden. Verbürgte Genauigkeit nach DIN 168.

Rachenweite mm	100	105	110	115	120	125	130
Paarpreis ℳ							
Rachenweite mm	135	140	145	150	155	160	
Paarpreis ℳ							
Rachenweite mm	165	170	175	180	185	190	
Paarpreis ℳ							
Rachenweite mm	195	200	210	220	230	240	
Paarpreis ℳ							
Rachenweite mm	250	260	270	280	290	300	
Paarpreis ℳ							

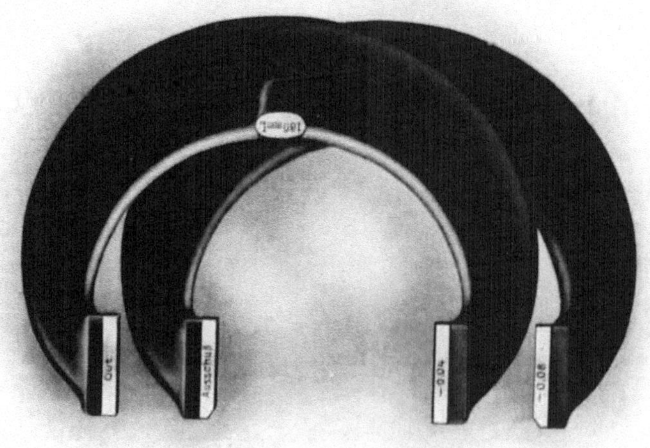

Ausführung von Grenzrachenlehren über 150 mm.

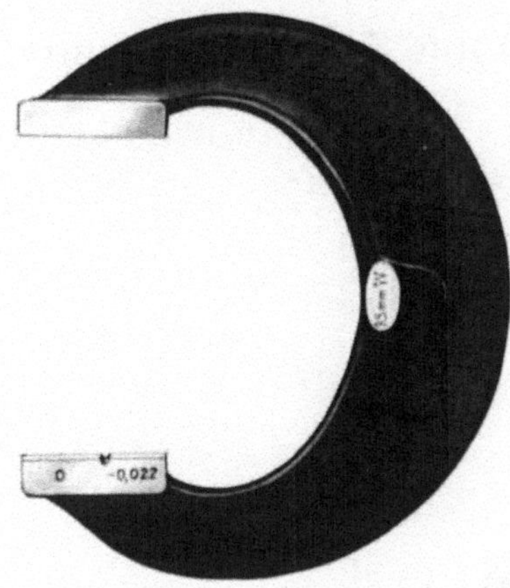

Nr. 335. Einseitige Grenz-
rachenlehren.

Glashart, entspannt und genauest auf Maß geschliffen. Meßflächen planparallel, hochglanz poliert und genau eben.

Die Rachenlehren sind bis 150 mm im Gesenk geschmiedet, über 150 mm mit Körper aus Gußeisen, die Meßbacken aus Stahl und sicher mit dem Lehrenkörper verbunden.

Verbürgte Genauigkeit nach DIN 168.

Rachenweite mm	100	105	110	115	120	125	130
Stückpreis ℳ							

Rachenweite mm	135	140	145	150	155	160	165	170
Stückpreis ℳ								

Rachenweite mm	175	180	185	190	195	200	210	220
Stückpreis ℳ								

Rachenweite mm	230	240	250	260	270	280	290	300
Stückpreis ℳ								

Nr. 350. Normallehrdorne und Normallehrringe.

Von Stahl, gehärtet, entspannt und genauest auf Maß geschliffen.

Verbürgte Genauigkeit nach DIN 168.

Dorn und Ring sind genau ineinanderpassend hergestellt. Sollen dieselben hierauf geprüft werden, so sind die Flächen unter Beachtung vollständig gleicher Temperatur und vollkommener Reinheit mit reinem Talg oder feinem Öl zu fetten und vorsichtig einzuführen. Hierbei ist der Dorn im Ring fortwährend zu drehen, da er sich sonst festsetzt und mit einem Messingbolzen oder hartem Holz wieder herausgetrieben werden muß. Dorn und Ring müssen stets getrennt aufbewahrt werden.

Sämtliche Lehrdorne mit Ausnahme der kleineren Durchmesser sind mit auswechselbaren Meßkörpern ausgeführt. Bei den größeren Durchmessern sind die Meßkörper hohl ausgedreht und die Stahlgriffe vollständig durchbohrt, um die Lehren leicht und handlich zu gestalten. Für die Durchmesser über 100 mm empfehle ich flache Normallochlehren Nr. 370, Kugelendmaße Nr. 375 und Normalrachenlehren Nr. 385.

Einzelne Dorne liefere ich für alle Durchmesser ohne Preisaufschlag, dagegen muß ich mir bei einzelnen Ringen in ungängigen Durchmessern Mehrpreise vorbehalten.

Durchmesser mm	3	3,5	4	4,5	5	6	7
Preis des Dornes ℳ							
" " Ringes "							
" " Paares "							

Durchmesser mm	8	9	10	11	12	13	14
Preis des Dornes ℳ							
" " Ringes "							
" " Paares "							

Durchmesser mm	15	16	17	18	19	20	21
Preis des Dornes ℳ							
" " Ringes "							
" " Paares "							

Durchmesser mm	22	23	24	25	26	27	28
Preis des Dornes ℳ							
" " Ringes "							
" " Paares "							

Durchmesser mm	30	32	33	34	35	36	38
Preis des Dornes ℳ							
" " Ringes "							
" " Paares "							

Durchmesser mm	40	42	44	45	46	48	50
Preis des Dornes ℳ							
" " Ringes "							
" " Paares "							

Durchmesser mm	52	55	58	60	62	65	68
Preis des Dornes ℳ							
" " Ringes "							
" " Paares "							

Durchmesser mm	70	72	75	78	80	82	85
Preis des Dornes ℳ							
" " Ringes "							
" " Paares "							

Durchmesser mm	88	90	92	95	98	100
Preis des Dornes ℳ						
" " Ringes "						
" " Paares "						

Nr. 355.
Einstellringe für Reibahlen.

Von Stahl, gehärtet, entspannt und genauest
auf Maß geschliffen.

Verbürgte Genauigkeit nach DIN 369.

Diese Ringe sind zum Einstellen von nachstell=
baren Reibahlen bestimmt.

Abmaße für Einstellringe siehe Seite 65.

Durchmesser mm	6	7	8	9	10	11	12	13	14
Stückpreis ℳ									

Durchmesser mm	15	16	17	18	19	20	21	22	23
Stückpreis ℳ									

Durchmesser mm	24	25	26	27	28	30	32	33	34
Stückpreis ℳ									

Durchmesser mm	35	36	38	40	42	44	45	46	48
Stückpreis ℳ									

Durchmesser mm	50	52	55	58	60	62	65	68	70
Stückpreis ℳ									

Durchmesser mm	72	75	78	80	82	85	88	90	92
Stückpreis ℳ									

Durchmesser mm	95	98	100
Stückpreis ℳ			

Preise für größere Ringe auf Anfrage.

Nr. 365. Flache Normallochlehren.

Im Gesenk geschmiedet, glashart, entspannt und genauest auf Maß geschliffen.
Verbürgte Genauigkeit nach DIN 168.

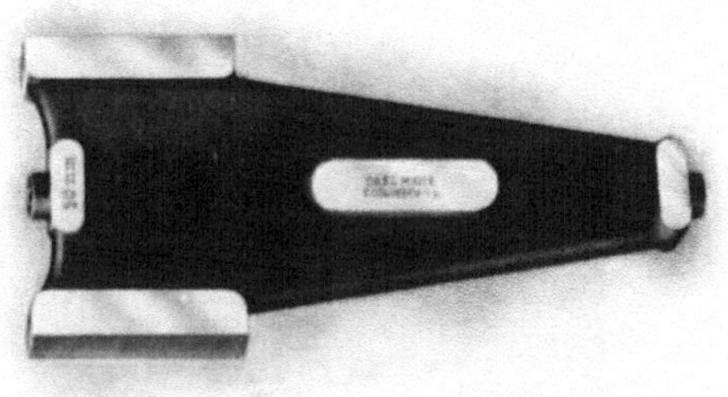

Diese Lehren sind für dieselben Zwecke bestimmt wie Normallehrdorne, sie
sind jedoch infolge ihres geringeren Gewichtes wesentlich handlicher.

Durchmesser mm	6	7	8	9	10	11	12	13
Stückpreis ℳ								

Durchmesser mm	14	15	16	17	18	19	20	21
Stückpreis ℳ								

Durchmesser mm	22	23	24	25	26	27	28	30
Stückpreis ℳ								

Durchmesser mm	32	33	34	35	36	38	40	42
Stückpreis ℳ								

Durchmesser mm	44	45	46	48	50	52	55	58
Stückpreis ℳ								

Durchmesser mm	60	62	65	68	70	72	75	78
Stückpreis ℳ								

Durchmesser mm	80	82	85	88	90	92	95	98	100
Stückpreis ℳ									

Nr. 370. Flache Normallochlehren.

Ganz aus Sonderstahl hergestellt, glashart, entspannt und genauest auf Maß geschliffen.

Verbürgte Genauigkeit nach DIN 168.

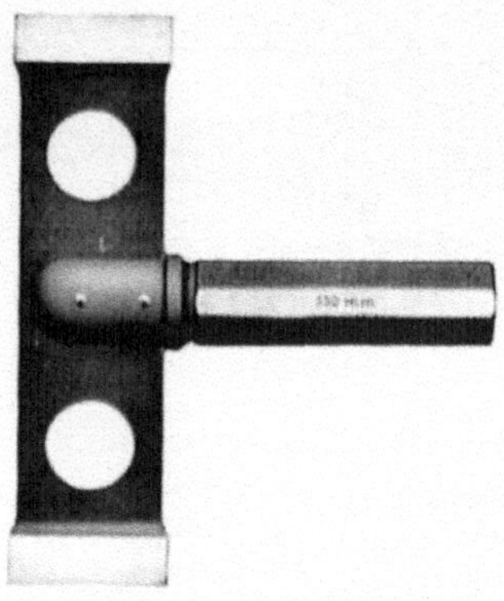

Normallehrdorne über 100 mm Durchmesser sind nicht zu empfehlen, da sie mit Rücksicht auf ihr Gewicht nicht handlich genug wären. Es werden daher an deren Stelle diese flachen Normallochlehren verwendet.

Durchmesser mm	100	105	110	115	120	125	130
Stückpreis ℳ							

Durchmesser mm	135	140	145	150	155	160	165
Stückpreis ℳ							

Durchmesser mm	170	175	180	185	190	195	200
Stückpreis ℳ							

Durchmesser mm	210	220	230	240	250	260
Stückpreis ℳ						

Durchmesser mm	270	280	290	300
Stückpreis ℳ				

Nr. 375. Kugelendmaße.

Glashart, entspannt und genauest auf Maß geschliffen.
Meßflächen genau sphärisch und hochglanz poliert.
Verbürgte Genauigkeit nach DIN 168.

Die Enden stellen den Ausschnitt einer Kugel dar, deren Mittel mit dem Stab=
mittel zusammenfällt. Diese Werkzeuge sind äußerst vorteilhaft zum Prüfen
größerer Ringe und Bohrungen, auch sind sie als Vergleichsnormale für Meß=
maschinen, zum Nachprüfen oder Einstellen von Lehrenkörpern oder zum Kon=
trollieren der Entfernung paralleler Flächen vorzüglich geeignet. Die kugel=
förmige Endform erlaubt bei dem geringen Gewicht dieses Werkzeuges ein
sicheres, fühlendes Messen, während bei schweren Lehrdornen oder Normalen
mit gerader Endfläche sich leicht verschiedene Meßresultate ergeben.

Länge mm	50	52	55	58	60	62	65	68
Stückpreis ℳ								
Länge mm	70	72	75	78	80	82	85	88
Stückpreis ℳ								
Länge mm	90	92	95	98	100	105	110	115
Stückpreis ℳ								
Länge mm	120	125	130	135	140	145	150	155
Stückpreis ℳ								
Länge mm	160	165	170	175	180	185	190	195
Stückpreis ℳ								
Länge mm	200	210	220	230	240	250	260	270
Stückpreis ℳ								
Länge mm	280	290	300	310	320	330	340	350
Stückpreis ℳ								
Länge mm	360	370	380	390	400	410	420	430
Stückpreis ℳ								
Länge mm	440	450	460	470	480	490	500	
Stückpreis ℳ								

In der Regel werden die Endmaße mit **Schutzgriffen aus Hartgummi** geliefert
der Mehrpreis hierfür beträgt:

Länge der Endmaße . . . . mm	50—74	75—200	201—400	401—500
Durchmesser der Endmaße . "	6	10	13	16
Stückpreis . . . . ℳ				

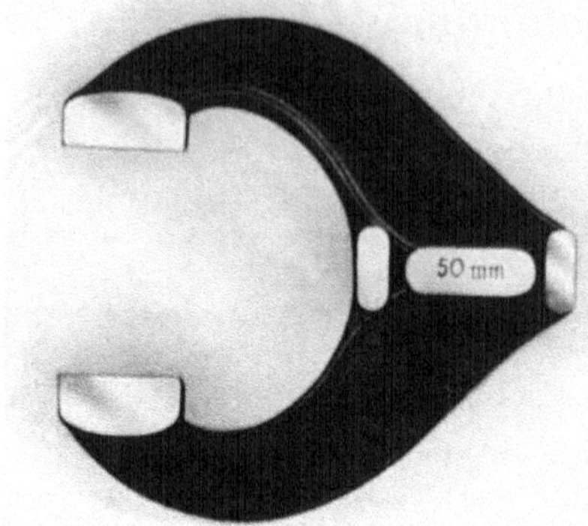

Ausführung der Lehren bis 75 mm.

Nr. 380.
Normalrachenlehren.

Im Gesenk geschmiedet, glashart, entspannt und genauest auf Maß geschliffen.
Meßflächen planparallel, hochglanz poliert
und genau eben.

Die Rachenlehren sind bis 150 mm im Gesenk geschmiedet, über 150 mm mit Körper aus Gußeisen, die Meßbacken aus
Stahl und sicher mit dem Lehrenkörper
verbunden.

Diese Rachenlehren werden als Prüflehren
und Abnutzungsprüfer für Grenzlehrdorne
und flache Grenzlehren verwendet.

Rachenweite mm								
3	3.5	4	4.5	5	6	7	8	9
ℳ								
10	11	12	13	14	15	16	17	18
ℳ								
19	20	21	22	23	24	25	26	27
ℳ								
28	30	32	33	34	35	36	38	40
ℳ								
42	44	45	46	48	50	52	55	58
ℳ								
60	62	65	68	70	72	75	78	80
ℳ								
82	85	88	90	92	95	98	100	105
ℳ								

Rachenweite mm			
110	115	120	125
ℳ			
130	135	140	145
ℳ			
150	155	160	165
ℳ			
170	175	180	185
ℳ			
190	195	200	210
ℳ			
220	230	240	250
ℳ			
260	270	280	290
ℳ			
300			
ℳ			

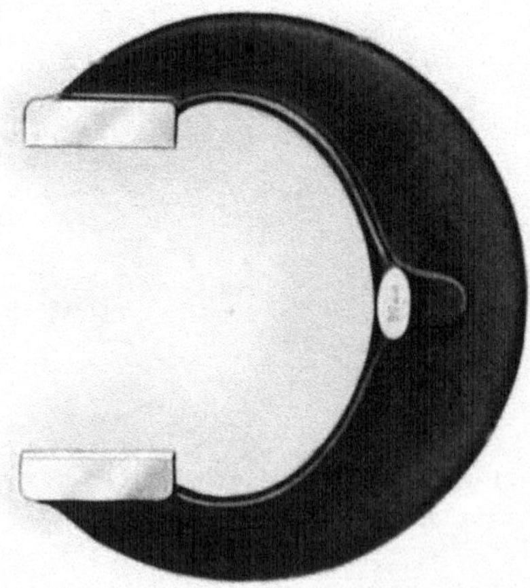

Ausführung der Lehren über 75 mm.

Nr. 390. Meßscheiben.

Aus Stahl, glashart, entspannt und genauest auf Maß geschliffen.
Verbürgte Genauigkeit nach DIN 168.

Meßscheiben dienen als Vergleichsnormale, außerdem werden sie zum Nach=
prüfen von Rachenlehren und einstellbaren Lehrwerkzeugen verwendet. Die
Scheiben von 3 bis 18 mm werden mit festem Griff, die Meßscheiben über
18 mm durchbohrt hergestellt. Für Durchmesser über 100 mm kommen Meß=
stäbe Nr. 392 in Betracht.

Durchmesser mm	3	3,5	4	4,5	5	6	7	8	9
Stückpreis *M*									

Durchmesser mm	10	11	12	13	14	15	16	17	18
Stückpreis *M*									

Durchmesser mm	19	20	21	22	23	24	25	26	27
Stückpreis *M*									

Durchmesser mm	28	30	32	33	34	35	36	38	40
Stückpreis *M*									

Durchmesser mm	42	44	45	46	48	50	52	55	58
Stückpreis *M*									

Durchmesser mm	60	62	65	68	70	72	75	78	80
Stückpreis *M*									

Durchmesser mm	82	85	88	90	92	95	98	100	
Stückpreis *M*									

Nr. 392. Meßstäbe.

Von Sonderstahl, an den Enden gehärtet, entspannt und genauest auf Maß geschliffen. Verbürgte Genauigkeit nach DIN 168.

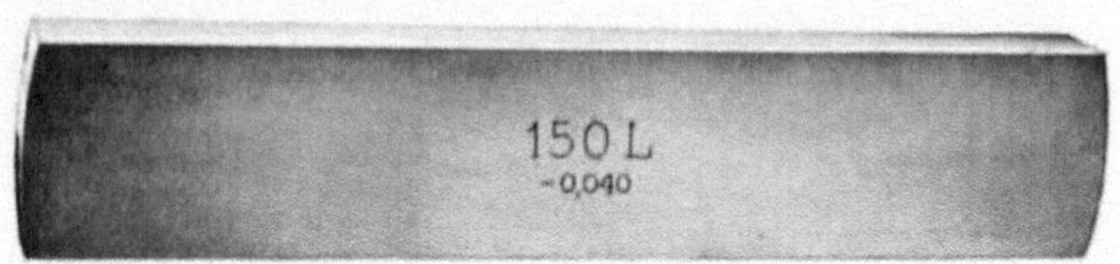

Da Meßscheiben bei Durchmessern über 100 mm zu schwer und unhandlich werden, liefere ich für größere Durchmesser Meßstäbe. Die Meßflächen der Meßstäbe sind Teile von Zylinderflächen.

Durchmesser mm	100	105	110	115	120	125
Stückpreis ℳ						
Durchmesser mm	130	135	140	145	150	155
Stückpreis ℳ						
Durchmesser mm	160	165	170	175	180	185
Stückpreis ℳ						
Durchmesser mm	190	195	200	210	220	230
Stückpreis ℳ						
Durchmesser mm	240	250	260	270	280	290	300
Stückpreis ℳ							

Nr. 394. Ständer für Meßscheiben und Prüfstäbe.

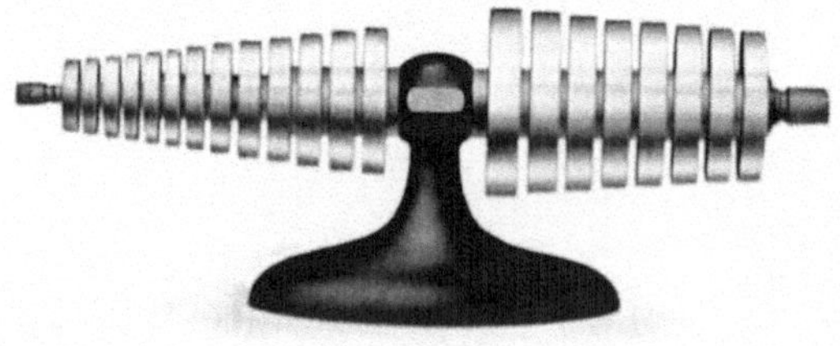

Die Ständer werden für beliebig zusammengestellte Sätze ausgeführt, in gleicher Weise werden sie auch für Meßstäbe Nr. 392 und Abnutzungsprüfer Nr. 395 angefertigt.

Preise auf Anfrage.

Nr. 395. Abnutzungsprüfer für Rachenlehren.

Von Sonderstahl, an den Enden gehärtet, entspannt und genauest auf Maß geschliffen. Verbürgte Genauigkeit nach DIN 168.
Um die Abnutzungsprüfer nicht unnötig zu verteuern, sind die Flachseiten derselben nur in einfacher Weise bearbeitet. Die Meßflächen sind Teile von Zylinderflächen.
Die Abnutzungsprüfer von 3—18 mm werden mit Griff geliefert.

Abnutzungsprüfer sind um den Betrag der für eine Rachenlehre zulässigen Abnutzung größer wie die Prüflehren. Geht also eine Rachenlehre über einen Abnutzungsprüfer, so ist sie nachzuarbeiten.

Durchmesser mm	3	3,5	4	4,5	5	6	7	8
Stückpreis ℳ								
Durchmesser mm	9	10	11	12	13	14	15	16
Stückpreis ℳ								
Durchmesser mm	17	18	19	20	21	22	23	24
Stückpreis ℳ								
Durchmesser mm	25	26	27	28	30	32	33	34
Stückpreis ℳ								
Durchmesser mm	35	36	38	40	42	44	45	46
Stückpreis ℳ								
Durchmesser mm	48	50	52	55	58	60	62	65
Stückpreis ℳ								
Durchmesser mm	68	70	72	75	78	80	82	85
Stückpreis ℳ								
Durchmesser mm	88	90	92	95	98	100	105	110
Stückpreis ℳ								
Durchmesser mm	115	120	125	130	135	140	145	150
Stückpreis ℳ								
Durchmesser mm	155	160	165	170	175	180	185	190
Stückpreis ℳ								
Durchmesser mm	195	200	210	220	230	240	250	260
Stückpreis ℳ								
Durchmesser mm	270	280	290	300				
Stückpreis ℳ								

Als **Abnutzungsprüfer für Lehrdorne** kommen, sofern die Prüfung nicht auf der Meßmaschine erfolgt, Rachenlehren Nr. 380 in Frage.

Kegellehren.

Aus Stahl gehärtet, entspannt und genauest auf Maß geschliffen.

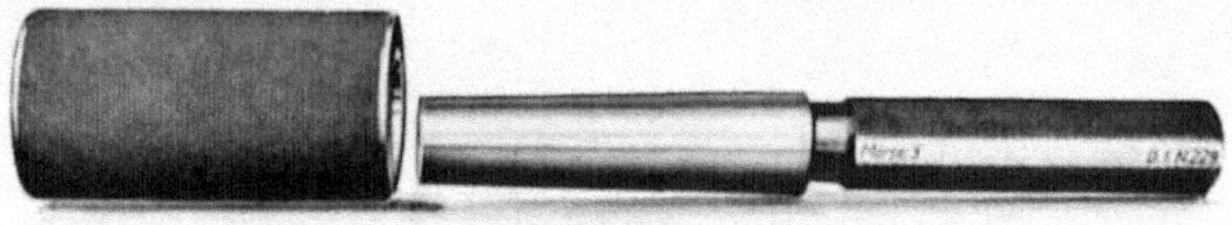

Nr. 397. Morsekegellehren ohne Lappen
nach DIN 229 und 324.

Morsekonus Nr.	0	1	2	3	4	5	6	(7)
Dorn nach DIN 229 . Stückpreis ℳ								
Hülse, kurze Ausführung nach DIN 229 . . . . . Stückpreis ℳ								
Hülse, lange Ausführung nach DIN 324 . . . . . Stückpreis ℳ								

Nr. 397 L. Morsekegellehren mit Lappen
nach DIN 230.

Morsekonus Nr.	0	1	2	3	4	5	6	(7)
Dorn . . . . Stückpreis ℳ								
Hülse mit eins. Lappen Stückpr. ℳ								

Die eingeklammerten Werte sind nach DIN 228 keine normalen Werkzeugkegel.

Nr. 398. Metrische Kegellehren ohne Lappen
nach DIN 234 und 325.

Metrischer Konus Nr.	4	6	(9)	(12)	(18)	(24)	(32)
Dorn nach DIN 234 . Stückpreis ℳ							
Hülse, kurze Ausführung, nach DIN 234 . . . . Stückpreis ℳ							
Hülse, lange Ausführung, nach DIN 325 . . . . Stückpreis ℳ							

Metrischer Konus Nr.	(40)	(50)	(60)	(70)	80	(90)
Dorn nach DIN 234 . Stückpreis ℳ						
Hülse, kurze Ausführung, nach DIN 234 . . . . Stückpreis ℳ						
Hülse, lange Ausführung, nach DIN 325 . . . . Stückpreis ℳ						

Metrischer Konus Nr.	100	(110)	120	(130)	140	(150)
Dorn nach DIN 234 . Stückpreis ℳ						
Hülse, kurze Ausführung, nach DIN 234 . . . . Stückpreis ℳ						
Hülse, lange Ausführung, nach DIN 325 . . . . Stückpreis ℳ						

Nr. 398L. Metrische Kegellehren mit Lappen
nach DIN 234.

Metrischer Konus Nr.	4	6	(9)	(12)	(18)	(24)	(32)	(40)	(50)	(60)
Dorn . . . . Stückpreis ℳ										
Hülse mit eins. Lappen Stückpreis ℳ										

Metrischer Konus Nr.	(70)	80	(90)	100	(110)	120	(130)	140	(150)
Dorn . . . . Stückpreis ℳ									
Hülse mit eins. Lappen Stückpreis ℳ									

Die eingeklammerten Werte sind nach DIN 228 keine normalen Werkzeugkegel.

Nr. 400. Parallelendmaße.

Die Anfertigung der Parallelendmaße erfolgt aus einem Sonderstahl, dem nach dem Härten alle Spannungen durch eine besondere Wärmebehandlung entzogen werden, ohne daß dadurch seine hohe Härte irgendwie vermindert wird. Infolge dieses Verfahrens bleiben die Maße dauernd unveränderlich.

Die Endmaße sind mit höchst erreichbarer Genauigkeit hergestellt, so daß sich auch beim Zusammensetzen eines Maßes aus mehreren Endmaßen so gut wie keine Abweichung vom Nennwert ergibt.

Die Meßflächen sind planparallel, hochglanz poliert und so genau eben, daß die Endmaße aneinander haften. Unzuverlässige Meßergebnisse durch Vorhandensein von Staub usw. sind ausgeschlossen, da in diesem Falle das Aneinanderhaften aufhört.

Das Anwendungsgebiet der Parallelendmaße ist außerordentlich vielseitig. Insbesondere kommen sie als Prüfwerkzeuge für Grenzrachenlehren und verstellbare Lehren in Betracht. Des weiteren werden sie mit Vorteil zum Feineinstellen von Tastern, Meßvorrichtungen usw. benützt. Große Dienste leisten sie auch in der Werkzeugmacherei.

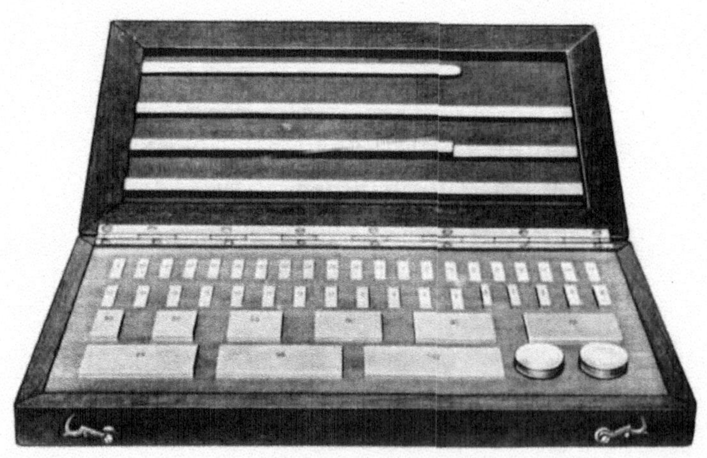

Die Parallelendmaße liefere ich in zwei verschiedenen Qualitäten, A bzw. B.

Die Endmaße der Qualität A sollen als Urmaße Verwendung finden, auf die sich letzten Endes alle Messungen eines Betriebes beziehen. Sie sind bestimmt zur Einstellung von Meßmaschinen, Fühlhebeln und Meßuhren, zur Nachprüfung von Grenzlehren, Meßscheiben, Kugelendmaßen, ferner zum Prüfen verstellbarer Lehren wie Mikrometer usw.

Die Herstellungsgenauigkeit beträgt bei

Qualität A

Länge der Endmaße	Herstellungsgenauigkeit in mm gemessen in der Mitte der Endflächen
bis 30 mm	+ 0,0003
über 30 „ 60 „	+ 0,0004
„ 60 „ 80 „	+ 0,0005
„ 80 „ 90 „	+ 0,0006
„ 90 „100 „	+ 0,0007

Die Endmaße der Qualität B finden Verwendung für den praktischen Werkstattgebrauch, im Vorrichtungsbau und zur Einstellung von Werkstattgeräten.

Die Herstellungsgenauigkeit beträgt bei

Qualität B

Länge der Endmaße	Herstellungsgenauigkeit in mm gemessen in der Mitte der Endflächen
bis 20 mm	+ 0,0008
über 20 „ 40 „	+ 0,0009
„ 40 „ 60 „	+ 0,0010
„ 60 „ 80 „	+ 0,0011
„ 80 „100 „	+ 0,0012

Fast alle Betriebe verwenden Qualität B, da die Genauigkeit von Endmaßen dieses Gütegrades für die Werkstatt durchaus ausreichend ist.

Die Parallelendmaße werden in folgenden Zusammenstellungen geliefert:

Satz Nr. 402

bestehend aus 32 Stück einzelnen Endmaßen

in den Stärken von:

mm	1,005	1,00					
	1,01	1,02	1,03	1,04	1,05	1,06	1,07
	1,08	1,09	1,10	1,20	1,30	1,40	1,50
	1,60	1,70	1,80	1,90	2	3	4
	5	6	7	8	9	10	20
	30	50					

in feinem Hartholzkasten, Qualität A Preis ℳ.

„ B „ ℳ.

Satz Nr. 404

bestehend aus 47 Stück einzelnen Endmaßen

in den Stärken von:

mm	1,005	1,00							
	1,01	1,02	1,03	1,04	1,05	1,06	107	1,08	1,09
	1,10	1,11	1,12	1,13	1,14	1,15	1,16	1,17	1,18
	1,19	1,2	1,3	1,4	1,5	1,6	1,7	1,8	1,9
	2	3	4	5	6	7	8	9	10
	20	30	40	50	60	70	80	90	100

in feinem Hartholzkasten, Qualität A Preis ℳ.

„ B „ ℳ.

Satz Nr. 406

bestehend aus 83 Stück einzelnen Endmaßen

in den Stärken von:

mm	1,005	0,5	1,00							
	1,01	1,02	1,03	1,04	1,05	1,06	1,07	1,08	1,09	1,10
	1,11	1,12	1,13	1,14	1,15	1,16	1,17	1,18	1,19	1,20
	1,21	1,22	1,23	1,24	1,25	1,26	1,27	1,28	1,29	1,30
	1,31	1,32	1,33	1,34	1,35	1,36	1,37	1,38	1,39	1,40
	1,41	1,42	1,43	1,44	1,45	1,46	1,47	1,48	1,49	1,50
	1,6	1,7	1,8	1,9	2	2,5	3	3,5	4	4,5
	5	5,5	6	6,5	7	7,5	8	8,5	9	9,5
	10	20	30	40	50	60	70	80	90	100

in feinem Hartholzkasten, Qualität A Preis ℳ.

„ B „ ℳ.

Satz Nr. 408
bestehend aus 111 Stück einzelnen Endmaßen

in den Stärken von:

mm	0,5	1,00						
	1,001	1,002	1,003	1,004	1,005	1,006	1,007	1 008
	1,009	1,01	1,02	1,03	1,04	1,05	1,06	1,07
	1,08	1,09	1,10	1,11	1,12	1,13	1,14	1,15
	1,16	1,17	1,18	1,19	1,20	1,21	1,22	1,23
	1,24	1,25	1,26	1,27	1,28	1,29	1,30	1,31
	1,32	1,33	1,34	1,35	1,36	1,37	1,38	1,39
	1,40	1,41	1,42	1,43	1,44	1,45	1,46	1,47
	1,48	1,49	1,5	2	2,5	3	3,5	4
	4,5	5	5,5	6	6,5	7	7,5	8
	8,5	9	9,5	10	10,5	11	11,5	12
	12,5	13	13,5	14	14,5	15	15,5	16
	16,5	17	17,5	18	18,5	19	19,5	20
	20,5	21	21,5	22	22,5	23	23,5	24
	24,5	25	50	75	100			

in feinem Hartholzkasten, Qualität A Preis $\mathcal{M}$

„ B „ $\mathcal{M}$

Ergänzungssatz Nr. 410
bestehend aus 9 Stück einzelnen Endmaßen

in den Stärken von:

mm 1,001 1,002 1,003 1,004 1,005 1,006 1,007 1,008 1,009

in feinem Hartholzkasten, Qualität A Preis $\mathcal{M}$

In Verbindung mit diesem Ergänzungssatz lassen sich mit den vorerwähnten Sätzen alle Maße um $^1/_{1000}$ mm steigend zusammensetzen.

Preise für einzelne Parallelendmaße auf Anfrage.

Nr. 420. Halter und Meßschnäbel zu Parallel-endmaßen.

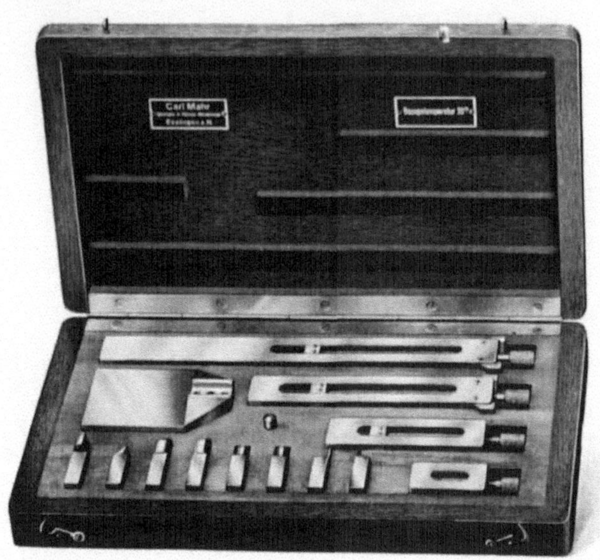

Der Satz Halter und Meßschnäbel besteht aus

1 Klemme für einen Meßbereich von   0—50 mm
1 „   „   „   „   „   „   0—100 „
1 „   „   „   „   „   „   100—200 „

2 Paar Meßschnäbeln mit 4 und 10 mm Ansatzstärke
1 Anreißspitze
1 Zentrumspitze
1 Fußplatte

in feinem Hartholzkasten   Preis $\mathscr{M}$

Nr. 460. Feinmeßmaschine.
(Bauart Mahr.)

Die Maschine dient zur Prüfung, zum Vergleich und zum Messen von Lehr=
dornen, Meßscheiben, Endmaßen, Lehren sowie sonstigen genau herzustellenden
Arbeitsstücken und erlaubt **unmittelbare Ablesungen von 0,0001 mm.** Der
Meßbereich beträgt 500 bzw. 1000 mm, die Tasterhöhe über Bett 250 mm.
Auf Wunsch wird die Maschine auch für andere Meßlängen geliefert.

Die Maschine hat ein k r ä f t i g e s B e t t v o n h o h e m Q u e r s c h n i t t, das
auf drei Füßen ruht, von denen zwei mit Stellschrauben versehen sind, wodurch
eine g e n a u w a g r e c h t e E i n s t e l l u n g der Maschine möglich ist. Die eigen=
artige Form des Bettes gewährleistet große Starrheit. Der mit Spindel und Teil=
rad versehene Meßkopf ist verschiebbar, der Hebelwerk und Zeiger tragende
Gegenkopf fest. Die Maschine ist eine sogenannte Vergleichsmeßmaschine, zum
Einstellen der Taster werden Urmaße benützt. Die grobe Einstellung des ver=
schiebbaren Meßkopfes erfolgt durch Handrad, Trieb und Zahnstange, die ge=
nauere Einstellung, nach welcher der Meßkopf durch eine Klemmschraube
festgestellt wird, geschieht mit Hilfe einer mit demselben Trieb kuppelbaren
Feinstellschraube. Die Feineinstellung beim Messen wird durch eine am hinteren
Führungssupport befindliche, leicht mit der Meßspindel zu kuppelnde Quer=
schraube bewirkt. Diese erlaubt durch große Übersetzung das Anstellen ganz
geringer Beträge und hält jeden Einfluß der Handwärme fern.

Der Meßbereich der Spindel beträgt 50 mm. Wie allgemein bekannt, ist es praktisch unmöglich, ein so langes Gewinde ganz fehlerlos zu schneiden. Um trotzdem der Spindel für ihren ganzen Meßbereich die erforderliche hohe Genauigkeit zu geben, ist am Ende des Meßkopfes eine Ausgleichleiste vorgesehen, an welcher ein am Taster befestigter Arm gleitet, der in Verbindung mit einem in der hohlen Meßspindel angebrachten zweiten Gewinde je nach Erfordernis eine kleine Vorwärts= oder Rückwärtsbewegung des Tasters gegenüber der Meßspindel bewirkt. Die Ausgleichleiste wird von mir entsprechend dem in der Meßspindel gefundenen Fehler ausgearbeitet.

Die Fehlerausgleichvorrichtung arbeitet so genau, daß mit der Meßmaschine auf den ganzen Spindelweg für alle Unterabteilungen zuverlässige Messungen innerhalb einer Genauigkeit von $1\,\mu$ vorgenommen werden können. Es ist deshalb für die Mehrzahl der Betriebe die Beschaffung von Urmaßen in Abstufungen von 50 zu 50 mm ausreichend; lediglich für Messungen höchster Genauigkeit, bei denen es auf Bruchteile eines Tausendstelmillimeters ankommt, ist es erforderlich, die Meßmaschine nach einem Urmaß, dessen Länge der Größe des zu prüfenden Werkstückes möglichst nahekommt, einzustellen. Die von mir gelieferten Urmaße sind entsprechend DIN mit einer Bezugs=temperatur von 20° C hergestellt, und die Maschine ist nach solchen Urmaßen eingestellt. Ist etwa der Wunsch vorhanden, Endmaße oder Werkstücke zu prüfen, welche einer anderen Bezugstemperatur (von z. B. 0° C) entsprechen, so kann diesem Wunsch insofern leicht Rechnung getragen werden, als nur eine andere Ausgleichleiste eingesetzt zu werden braucht, welche entsprechend ausgearbeitet ist. Es lassen sich dann ohne Berechnung in einfacher Weise auch solche Messungen vornehmen.

Sollte die Meßspindel mit der Zeit eine Abnützung zeigen, so kann die Spindelmutter nachgestellt werden, es ist dann nur die Ausgleichleiste einer Nachprüfung bzw. Nacharbeit zu unterziehen, welche sich mit geringer Mühe ausführen läßt.

Die Meßspindel hat 36 mm Durchmesser, 1 mm Steigung, ist ganz durchbohrt, aus Gußstahl hergestellt und in einer Mutter aus Gußeisen geführt. Meßspindel und Mutter haben daher gleiche Wärmedehnung, so daß bei wechselnden Temperaturen keinerlei Druck oder Zug auf die Gewindegänge übertragen wird. Das Gewinde selbst ist einseitig und vereinigt so die Vorteile eines spitzen und flachen Gewindes, ohne deren Nachteile zu haben. Der Druck beim Messen wird durch die flache Seite des Gewindes aufgenommen. Der Meßtaster ist in der Spindel auf die ganze Länge gelagert und bewegt sich genau in der Achse der Spindel. Zum Ablesen der Teilung ist kein Mi=

kroskop erforderlich, da die Teilstriche des Meßrades, welche Tausendstel=
millimeter angeben, in Wirklichkeit je 1 mm voneinander entfernt sind, s o
daß die Ablesung auch einem weniger geübten Auge ohne
Schwierigkeit möglich ist und keinerlei Ermüdung der Augen
eintritt, was bei andauerndem Messen besonders wohltuend empfunden wird.
Der Index am Meßrad, welcher einen Nonius trägt, an dem die Zehntausendstel=
millimeter abgelesen werden, ist auslösbar und kann nach Belieben verstellt
werden.

In dem festen Gegenkopf ist ein Taster mit geringer Verschiebbarkeit ge=
lagert, welcher sich auf ein im Verhältnis von 1:1000 übersetztes, auf glas=
harten Schneiden gelagertes Hebelwerk stützt, dessen Zeigerende auf einer
Teilung von der Größe der des Meßrades Tausendstelmillimeter anzeigt.
Ein kleines Gewicht belastet das Hebelwerk und erzeugt den für alle Messungen
unveränderlichen Meßdruck. Beim Messen ist nur zu beobachten, daß der
Zeiger des Hebelwerks genau auf 0 einspielt, worauf das ermittelte Maß ohne
weiteres an der Teilung des Meßrades abgelesen werden kann. Diese Ge=
wichtsbelastung hat den Zweck, daß stets unter unveränderlich
gleichem Meßdruck gemessen und das persönliche Gefühl
vollständig ausgeschaltet wird, was sich dadurch nachweisen läßt,
daß, wenn am Meßrad um einen gewissen Betrag nachgestellt wird, das
Zeigerende des Gegentasters genau den gleichen Betrag anzeigen wird.

Handhabung der Maschine.

Beim Beginn des Messens sind die Meßtaster mit Hilfe eines Urmaßes wie
beschrieben auf die entsprechende Entfernung einzustellen, derart, daß der
Zeiger des Gegentasters genau auf 0 einspielt und der Indexstrich des Meß=
rades das Maß des Urmaßes angibt.

Bei Vergleichsmessungen wird der zu untersuchende Gegenstand zwischen
die beiden Taster gebracht und dann mit Hilfe der Feineinstellvorrichtung das
Meßrad so viel gedreht, bis das Zeigerwerk des Gegentasters wieder auf 0
einspielt. Das ermittelte Maß kann alsdann am Meßrad unmittelbar in Zehn=
tausendstelmillimeter abgelesen werden.

Die Prüfungen mit der Meßmaschine gehen sehr rasch vor sich; sie erfordern
nicht mehr Zeitaufwand als Messungen mit Mikrometern.

Preis der Maschine für 500 mm Meßbereich $\mathcal{M}$

„ „ „ „ 1000 „ „ $\mathcal{M}$

Nachdem nun auch die Normung der Herstellungstoleranzen der Gewinde und Gewindelehren abgeschlossen ist, ist es vorteilhaft, sich auch über die Frage der Gewindeprüfung und der dazu notwendigen

Gewindegrenzlehren und Gewindeprüfgeräte

zu unterrichten.

Genauen Aufschluß gibt meine Druckschrift
„Die Gewindelehre".

Über meine übrigen Meßgeräte bitte ich folgende

Sonderlisten

einzufordern:

Feinmeß-Schieblehren.

Feinmeß-Schraublehren für Innen= und Außenmessung.

Maßstäbe, Lineale, Winkel, Richtplatten und Anreißwerkzeuge.

Meßuhren und damit ausgerüstete Meßgeräte zu Paralleli=täts= und Rundlaufprüfungen, zu Dickenbestimmung, Messung von Bohrungen, Zahnrädern, Gewinden und vielem anderen.

Über Meß= und Prüfvorrichtungen für Sonderzwecke, insbesondere für den **Lokomotiv- und Motorenbau,** bitte ich Vorschläge einzuholen.